Ruff · Emil du Bois-Reymond

1 Emil du Bois-Reymond (7. 11. 1818 – 26. 12. 1896)

Biographien
hervorragender Naturwissenschaftler,
Techniker und Mediziner Band 54

Emil du Bois-Reymond

Dr. sc. med. Peter W. Ruff, Berlin

Mit 14 Abbildungen

BSB B. G. Teubner Verlagsgesellschaft · 1981

Herausgegeben von
D. Goetz (Potsdam), E. Wächtler (Freiberg), I. Winter (Berlin),
H. Wußing (Leipzig)
Verantwortlicher Herausgeber: D. Goetz

ISBN 978-3-322-00573-1 ISBN 978-3-322-92065-2 (eBook)
DOI 10.1007/978-3-322-92065-2

1. Auflage
VLN 294-375/52/81 · LSV 2008
Lektor: Hella Müller

Bestell-Nr. 666 037 0

DDR 6,80 M

Inhalt

Einleitung

Emil Heinrich du Bois-Reymond gehört zu den Begründern der antivitalistischen, ausschließlich auf Physik und Chemie begründeten kausalanalytischen Physiologie. Diese bildete neben der Zellularpathologie von Rudolph Virchow die Grundlage der modernen naturwissenschaftlichen Medizin, die sich nach 1850 herausbildete.

Sein engeres experimentelles Arbeitsgebiet, die Elektrophysiologie, die du Bois-Reymond wissenschaftlich begründete, steht noch heute im Zentrum physiologischer Forschung und hat reiche Anwendung in Diagnostik und Therapie gefunden.

Im gleichen Jahr 1818 wie Karl Marx geboren – am 7. November, schlug der junge du Bois die Verbindung zwischen der Medizin und der im Zuge der industriellen Revolution aufblühenden Technik und Naturwissenschaft. Von den Ideen seiner Zeit ergriffen, folgte er in seiner Entwicklung den Wandlungen des Bürgertums mit der Einbuße an anfänglich progressiver Haltung. In der Jugend kritisierte er die preußischen Zustände, begrüßte (mit Vorbehalt) die Revolution von 1848, kämpfte entschlossen gegen Obskurantismus, um schließlich zunehmend als hochgeehrter Gelehrter in offiziellen Positionen als Befürworter des Herrscherhauses zu erstarren.

Gerade auch diese Widersprüchlichkeit aber macht ihn für uns interessant und verleiht ihm für seine Zeit exemplarische Bedeutung, die des Studiums wert ist und differenzierter Einschätzung bedarf. Seine zahlreichen Reden über die verschiedensten Bereiche der Kultur, der Wissenschaft und der Politik geben uns Einblick in das Denken eines gebildeten preußischen Bourgeois der zweiten Hälfte des 19. Jahrhunderts, der gleichermaßen in französischer Kultur verwurzelt war und im Elternhaus fast nur französisch gesprochen hatte.

In philosophischer Hinsicht war er ein führender Vertreter des naturwissenschaftlichen Materialismus und wurde von kirchlicher Seite heftig angefeindet. Mit seinem „ignorabimus“ aber huldigte

er dem Agnostizismus, was sich aus der mechanistischen Einschränkung seines Wissenschaftsverständnisses erklärt.
Selbst als Forscher und Hochschullehrer war er umstritten und ist der Kritik ausgesetzt. Dennoch war er ohne Frage ein bedeutender Wissenschaftler, der in seinem Arbeitsgebiet, in seinem Fach, in der theoretischen Medizin, in der Kultur und in der Philosophie seiner Zeit maßgeblichen Einfluß ausgeübt hat. Seine Grenzen und seine gesellschaftliche Bedingtheit sind für uns lehrreich, aber sie entziehen ihn und seine Leistungen nicht unserer Wertschätzung und unserem ehrenden Gedenken.

Elternhaus und Studium

Der Familienname du Bois-Reymond weist auf französische Abstammung hin. Das französische Element war von beiden Eltern her bei Emil lebendig und prägte ihn in eigenartiger Synthese mit den preußisch-deutschen Einflüssen seiner Umgebung. Im Elternhaus wurde mehr französisch als deutsch gesprochen.

Der Vater, Félix-Henry du Bois-Reymond, war am 21. August 1782 in Saint Sulpice, einem Dorf des Schweizer Kantons Neuenburg, geboren worden. Dieser Kanton gehörte seit 1707 zu Preußen. Mittellos war Félix du Bois-Reymond als junger Mann von dort nach Berlin gewandert und wurde 1815 Hofrat im Außenministerium, zuständig für die Neuenburger Angelegenheiten. Als sich der Kanton 1848 von Preußen trennte, wurde er in den Ruhestand versetzt. Das hatte finanzielle Auswirkungen für die Familie. Emil du Bois-Reymond, der älteste Sohn, schrieb 1849 über diese privaten Folgen der bürgerlichen Revolution an einen Freund:

> Aber in anderer Hinsicht kommen mir persönlich die Errungenschaften etwas teuer zu stehen. Gleichzeitig ungefähr mit den Ereignissen in Berlin und Wien hat sich Neuchâtel von Preußen gewaltsam getrennt. Dadurch ist mein Vater in die Kategorie der ungebrauchten Beamten gesetzt und wie diese jetzt stehen, wird dir bekannt sein. Er wird am 1. April dieses Jahres pensioniert und kann mir alsdann keine Unterstützung mehr gewähren. [16]

Félix du Bois-Reymond betätigte sich als wissenschaftlicher Schriftsteller. Während eines bald abgebrochenen Medizinstudiums veröffentlichte er als früherer Sprachlehrer Studien zur Phonetik (1811, 1812, 1862 [19]), die eine Verbindung zwischen Sprachlehre und Physiologie herstellen sollten und noch von dem Wiener Physiologen Ernst Wilhelm von Brücke in dessen Buch „Grundzüge der Physiologie der Sprachlaute" (1856) gelobt wurden.

In seinem Buch „Staatswesen und Menschenbildung" (1837/39 [18]) brachte Félix du Bois-Reymond seine Enttäuschung über die „künstliche Armut" in der industriellen Revolution zum Ausdruck und empfahl die Rückkehr zu feudalen Zuständen. Einige progressive Einrichtungen, die seiner Zeit voraus waren, wie Versicherungen, staatliche Fabrikinspektion, Arbeitsämter, Nahrungsmittelkontrolle und verbesserter Gesundheitsschutz sollten von oben herab den für unmündig erachteten Arbeitern gewährt werden.

Die Mutter von Emil du Bois-Reymond, Minette Henry, war die Tochter eines Predigers der französischen Gemeinde in Berlin und von mütterlicher Seite eine Enkelin des Radierers und Malers Daniel Chodowiecki. Dieser war selbst der Sohn einer Hugenottin und eines polnischen Kaufmanns und 1743 aus seiner Heimatstadt Danzig, dem heutigen Gdansk, nach Berlin gekommen. Zwei Töchter Chodowieckis sind uns von seinen Bildern bekannt: Jeannette (geb. 1761) und Susette (geb. 1763). Susettes Tochter war die Mutter von Emil du Bois-Reymond, Jeannettes Urenkelin wurde seine Frau.

Félix und Minette hatten fünf Kinder. Die älteste Tochter Julie (geb. 1816) heiratete 1837 den Badearzt Dr. Otto Rosenberger in Bad Kösen, einen Enkel des Philosophen Johann Georg Hamann, des „Magus in Norden". Emil folgte 1818 in der Geschwisterreihe. Gustav (geb. 1823) starb bereits mit sechs Jahren. Sein Tod soll den Vater nachhaltig erschüttert und den früheren Anhänger Jean Jacques Rousseaus in inniger, ja übersteigerter Weise dem Christentum verbunden haben. Félicie (geb. 1825) heiratete den Berliner Geologen Julius Wilhelm Ewald. David-Paul Gustave (geb. 1831) wurde Mathematiker und schrieb u. a. ein Buch über die Grundlagen der Erkenntnis in den exakten Wissenschaften (1890).

Im Elternhaus ging es einfach und sparsam zu. Milchsuppe und Butterbrot bildeten noch für den Studenten ein unbeanstandetes Abendbrot. Der Vater war streng und prinzipientreu. Seine eigenen wissenschaftlichen Neigungen und schriftstellerischen Bemühungen sind sicher ein Grund dafür, daß er trotz seiner beschränkten Beamtenbezüge für die zunächst nicht sehr zielstrebigen orientierenden Studien des Ältesten und für dessen spätere Zuwendung zu wenig einträglicher wissenschaftlicher Arbeit Verständnis fand. Sie werden aber auch eine Ursache dafür gewesen sein, daß sich das häusliche Leben auf den Familienkreis beschränkte. Emils Vorwärtsdrang behagte das wenig.

Interessante Bekanntschaften, d. h. solche, die ins Leben eingreifen – solche hab' ich nicht und sehe nicht, wie ich je welche haben werde. Der Kreis, an den ich gebunden bin, ist ein Kreis des echten deutschen Stillebens und ruhigen Philistertums, [16]

klagte der 21jährige in einem Brief. Bei allem Respekt gegen den wohlwollenden Vater verstärkt sich bei Emil die Opposition nicht nur gegen die väterliche Pedanterie, Hypochondrie und Gängelei, sondern in erster Linie wegen weltanschaulicher Differenzen mit dem Kantianer, mehr noch dem „Frömmler". Bitter spottet er:

Schelling ist seit mehreren Wochen hier und wird Philosophie der – Offenbarung lesen. Dahin ist der Nestor der Naturphilosophie zur großen Erbauung aller gläubigen Seelen, z. B. meines Alten, endlich gelangt. [16]

Die ständige Auseinandersetzung im Elternhaus mag dazu beigetragen haben, daß sich der naturwissenschaftlich-materialistische Standpunkt des jungen Emil du Bois-Reymond bewußter, besser durchdacht und formulierbar gestaltet hat. Ähnliches wird übrigens von seinem Freund Hermann Helmholtz berichtet, dessen Vater „der spekulativen Philosophie ganz ergeben war".[37]
Nachdem Emil du Bois-Reymond das als progressiv bekannte Französische Gymnasium in Berlin absolviert hatte, schlossen sich ab Ostern 1837 einige Semester allgemeinen und unentschiedenen Studierens in Berlin und Bonn an, wobei er schließlich Mathematik und Naturwissenschaften bevorzugte. Besonders die Vorlesungen über Experimentalchemie bei Eilhard Mitscherlich haben ihn beeindruckt. Im Herbst 1839 begann der Einundzwanzigjährige in Berlin Medizin zu studieren. Er folgte dabei dem Rat seines fünf Jahre älteren Freundes Eduard Hallmann, der selbst bei Johannes Müller am Anatomischen Museum in Berlin tätig gewesen war, bevor ihn 1839, wie so manchen anderen jungen Wissenschaftler, die Folgen eines Demagogenprozesses aus Preußen vertrieben. Hallmann hatte für seinen Freund einen detaillierten Studienplan aufgestellt und mit praktischen Winken versehen, dem du Bois zunächst folgte. Er begann das Studium mit viel Selbstbewußtsein, zu dem ihn die absolvierten naturwissenschaftlichen Semester, sein schon etwas vorgerücktes Alter, vor allem aber seine Wesensart und ein wiederholt geäußerter Vorsatz verhalfen. So schreibt du Bois über seine anfängliche Haltung Johannes Müller gegenüber:

Ich trat so fest an ihn, als ich vermochte ... und sagte das nötige kalt und unverwandten Blicks, ... ihn unverwandt ansehend mit aller Kraft. Der Unbefangene, ... Ich begegnete ihm fest und derb, ja absichtlich trotzig, ... sehr barsch. [16]

In dieser Weise suchte er – und offenbar mit Erfolg – Verbindung, „Konnektionen", zu seinen Professoren. Zumindest hat er sich dadurch aus der Menge der Studierenden herausgehoben und ist seinen Lehrern aufgefallen. Schon im ersten Semester legte er die erste Vorprüfung, das „Philosophicum", ab. Fünfmal erhielt er die Note „sehr gut" bei insgesamt sechs Fächern: Logik, Physik, Chemie, Mineralogie, Botanik und Zoologie. Sein Interesse galt den medizinischen Grundlagenfächern Anatomie und Physiologie, die von einer überragenden Wissenschaftlerpersönlichkeit, dem berühmten Johannes Peter Müller, vertreten wurden. Die klinischen Fächer traten demgegenüber in den Hintergrund und wurden gleichsam nebenbei erledigt. Die Berliner Medizinstudenten hatten eine Militärdienstzeit im Lazarett abzuleisten. Anschaulich hat Rudolf Virchow, der sich zur gleichen Zeit in militärmedizinischer Ausbildung befand, diese Zustände in den lesenswerten und im Druck zugänglichen Briefen an seinen Vater [62] geschildert. Im Unterschied zu ihm diente du Bois nicht an der Charité, sondern als Volontär im Königlichen Kadettenhaus, wo sich für ihn die Zeit auf drei Monate reduzierte. An Hallmann schreibt er:

Ich weiß nicht, ob Du eine Vorstellung von diesem Königlich Preußischen Lazarettdienst hast; es ist die niederträchtigste Existenz, die ich mir denken kann. [16]

Auch die Doktorarbeit wurde nebenher geschrieben. Da die experimentelle elektrophysiologische Arbeit nicht rechtzeitig abzuschließen war und

weil sie auf Latein ganz ungenießbar sein würde, viel zu lang ist und mir wahrhaftig zuviel Mühe gekostet hat, als daß ich sie unter dem Wust begraben möchte, [16]

faßte Emil aus seinen Literaturstudien alles zusammen, was die alten Griechen und Römer über die elektrischen Fische gesagt hatten.[2] Mit dieser Zusammenstellung promovierte er am 10. Februar 1843 an der Berliner Medizinischen Fakultät zum Dr. med. Die Examina holte er anschließend nach. Außer einigen Verwünschungen über die lästige Abhaltung von seiner wissenschaftlichen Arbeit erfahren wir aus seinen Briefen darüber nichts.

Schüler von Johannes Müller und Elektrophysiologe

In der Zeit, als Emil du Bois-Reymond studierte, herrschte in und gegenüber der klinischen Medizin Skepsis und Resignation. Die romantischen Illusionen der Jahrzehnte um die Wende vom 18. zum 19. Jahrhundert, man könne die Medizin als Wissenschaft durch bloße Gedankenkonstruktion begründen, waren kläglich gescheitert und hatten einem übertriebenen Empirismus Platz gemacht. Jetzt scheute man Verallgemeinerung und Systematisierung, ohne allerdings die Irrungen der Spekulation überwunden zu haben. Die Abneigung gegen die Philosophie, die vorher das medizinische Denken beherrscht hatte, ließ falsches Denken unkontrolliert um sich greifen. Karl Marx sagt:

> Die Naturforscher glauben sich von der Philosophie zu befreien, indem sie sie ignorieren oder über sie schimpfen. Da sie aber ohne Denken nicht vorankommen, und zum Denken Denkbestimmungen nötig haben, ... so stehen sie nicht minder in der Knechtschaft der Philosophie, meist aber leider der schlechtesten, und die, die am meisten auf die Philosophie schimpfen, sind Sklaven grade der schlechtesten vulgarisierten Reste der schlechtesten Philosophie. [20, S. 480]

Besonders unter der jungen Generation breitete sich eine tiefe Unzufriedenheit über die Unwissenschaftlichkeit und die geringen Erfolge der ärztlichen Tätigkeit aus. Der beginnende Aufschwung der Naturwissenschaften im Zusammenhang mit der industriellen Revolution, die in Deutschland erst nach 1830 einsetzte, ließ die Medizin im Gegensatz zu ihnen noch zurückgebliebener erscheinen. 1832 schrieb der 29jährige Justus Liebig (er wurde 1845 in den Freiherrnstand erhoben) an Friedrich Woehler:

> Was ist doch die Arzneikunde für eine elende, niederträchtige, miserable Sache; ist es denn durchaus unmöglich, daß ein Mensch nicht Neigung und Lust gewinnen sollte, eine krankhafte Erscheinung im Körper so zu verfolgen, daß er zuletzt zur Erkenntnis des Orts und der Natur des Übels und damit der Mittel gelange, die nötig sind, um dasselbe zu beheben? [58]

Und 1842 stellte der um Besserung bemühte Arzt Carl August Wunderlich fest:

Dagegen haben sich die Physiker, die Physiologen, Mathematiker und vor allem die Philosophen von Profession daran gewöhnt, mit geringschätzigem Mitleid von der Medicin zu urtheilen, und wollen kaum deren Ansprüche als Wissenschaft dulden. Die neuesten Tatsachen aus unserer Geschichte waren nicht gerade geeignet, diese Strömung zu widerlegen, und eine Wissenschaft, die noch nöthig hat, mit Hahnemann und Priessnitz zu kämpfen, muß sich's gefallen lassen, wenn sie noch ziemlich weit von ihrem Ideale erscheint. [65]

H. Helmholtz, der zur gleichen Zeit in Berlin studierte wie sein Freund E. du Bois-Reymond, erinnerte sich:

Meine Ausbildung fiel in eine Entwicklungsperiode der Medizin, wo bei den nachdenklichen und gewissenhaften Köpfen völlige Verzweiflung herrschte. [27]

Noch 1853 klagte der Medizinstudent Ernst Haeckel in einem Brief an seine Eltern:

Dies ist nämlich die ungeheure Unvollkommenheit, Unzuverlässigkeit und Ungewißheit der ganzen Heilkunst, die es mir diesen Augenblick (es mag allerdings zu einseitig sein) fast unglaublich erscheinen läßt, daß ein gewissenhafter, sich selbst überall zur strengsten Rechenschaft ziehender Mann mit dieser „Kunst", die in hundert Fällen diese Wirkung, in hundert gleichen die gerade entgegengesetzte hervorbringt, seine Nebenmenschen quälen und mit ihnen ins Blaue hinein experimentieren könne. In dieser Beziehung verhält sich die Medicin extrem entgegengesetzt der Mathematik. [60]

Selbst die großen Ärzte jener Zeit, die durch ihr besonnenes Urteil und ihre vielseitigen humanistischen Bemühungen hervorragen, waren weitgehend machtlos gegen die Krankheiten. Sie blieben in der Therapie auf einander widersprechende Empfehlungen anderer Ärzte und eigenes Probieren angewiesen und konnten ihr Handeln nur in Ausnahmefällen auf eine Kenntnis krankhaft veränderter Lebensvorgänge im Organismus gründen. So hielt Christoph Wilhelm Hufeland von 273 Rezepten, die er in seinem medizinischen Handbuch Enchiridion medicum anführte, nur drei Mittel für vorzüglich wirksam: den Aderlaß, das Brechmittel und das Opium. Sein Biograph Walter Bregnow bemerkte dazu:

Als Heilmittel bezeichnen wir heute keines dieser drei Mittel, und eine gewisse Resignation Hufelands ist zu verstehen. [11]

Es ist daher nicht ganz unverständlich, daß Ärzte wie Joseph Dietl, der Schüler des berühmten Internisten Joseph Škoda in Wien, in diesen Jahren die Therapie fast ganz aufgaben und zunächst nur Erkenntnisse sammeln wollten, um daraus irgendwann einmal später eine wirklich begründete Therapie abzuleiten. Dieser therapeutische Nihilismus ist aber eine Bankrotterklärung der Medizin, die damit ihr nicht hinauszuschiebendes Ziel, Kranke zu heilen oder wenigstens ihre Leiden zu lindern, zurückstellt oder aufgibt. Aber auch das damals besonders häufige Gegenteil des resignierenden Nichtstuns, eine Unzahl von Mitteln gleichzeitig, nacheinander oder im Wechsel anzuwenden, die ärztliche Vielgeschäftigkeit (Polypragmasie), war ein Ausdruck der gleichen Unsicherheit und des Unwissens.

Die Berliner medizinische Fakultät verfügte um 1840 zwar über ausgezeichnete Kliniker wie den Internisten Johann Lukas Schönlein und den Chirurgen Johann Friedrich Dieffenbach. Doch so glänzend auch Dieffenbach operierte, waren die Möglichkeiten und Erfolgsaussichten einer Chirurgie bei fehlender Asepsis bzw. Antisepsis auf vergleichsweise wenige, vorwiegend äußerliche Operationen eingeschränkt. Und Schönlein, der selbst die neuen diagnostischen Methoden gefördert hat, rang noch mit einer Krankheitssystematik, die uns fremd und altertümlich anmutet. Beide Kliniker kommen im überlieferten Urteil von Emil du Bois-Reymond nicht gut weg.

Wie viele begabte Altersgenossen wurde auch du Bois von der klinischen Medizin seiner Studentenzeit wenig angezogen. Den zukunftsträchtigen Gegenpol stellten die medizinischen Grundlagenfächer dar, die in Berlin von Johannes Müller vertreten wurden.

Johannes Peter Müller, 1801 in Koblenz geboren, war 1833 aus Bonn als Nachfolger von Karl Asmund Rudolphi berufen worden. 1823/24 hatte der junge Dr. Müller 1 1/2 Jahre bei Rudolphi als Studienstipendiat der Bonner Universität gearbeitet, die große Berliner anatomische Sammlung zu vergleichend-anatomischen Studien genutzt und unter Rudolphis Einfluß seine Neigung zu romantisch-naturphilosophischem Denken überwunden. Rudolphi war ein verdienstvoller vielseitiger Naturkenner, Zoologe, Anatom und Physiologe, der jeder Art paramedizinischen Aberglaubens nüchtern entgegentrat und der als einer der wenigen Mediziner nicht gegenstandslosem Spekulieren verfiel. Müller dagegen bewahrte sich immer eine philosophische Betrachtungsweise und suchte nach den großen Zusammenhängen. Vielleicht liegt darin die anregende Wirkung auf seine Schüler bei der Überwindung des Empirismus. Diesen positiven Einfluß übte er aus, obwohl er im Gegensatz zu den meisten kommenden Naturforschern auch in Fragen der Wissenschaft philosophischer Idealist war. Sein Idealismus äußerte sich vor allem als Vitalismus. Müller glaubte an eine besondere Lebenskraft. Die Lebensvorgänge waren seiner Auffassung nach nicht den physikalischen und chemischen Gesetzen unterworfen. Organisch war für ihn ein eigengesetzliches Reagieren auf irgendeinen Umwelteinfluß, auf einen Reiz, ein Reagieren, das seiner Natur nach völlig von dieser Einwirkung verschieden und eigentlich unabhängig war und nur dadurch in Gang gesetzt wurde. Jedem Organ, jedem einzelnen Nerven schrieb er seine eigene spezifische Energie zu. Müllers bekanntes „Gesetz der spezifischen Sinnesenergien" ist nur ein Sonderfall dieser Auffassung. Es negiert die adäquate Widerspiegelung der äußeren Realität durch die Sinneswahrnehmung. Diese angebliche physiologische Begründung war den subjektiven Idealisten als Scheinargument willkommen. Müller selbst war von solchen Schlußfolgerungen nicht frei, vielmehr suchte er als Anhänger des Philosophen Immanuel Kant mit seiner Hypothese dem Agnostizismus eine vermeintlich wissenschaftliche Grundlage zu geben.

Müllers Vitalismus war für seine Schüler eine Herausforderung zur Auseinandersetzung und Überwindung. Sie lernten dadurch, daß allgemeine Überlegungen und gedankliche Voraussetzungen für die Wissenschaft unentbehrlich sind und daß Wissenschaft mehr als eine bloße Zusammenstellung von Einzeltatsachen ist. Im Unterschied zur romantischen Naturphilosophie folgte bei Müller die Interpretation der Feststellung der Einzeltatsachen, sie ging nicht den Fakten voraus oder ersetzte sie, sie war nicht gegen die Tatsachen gerichtet und beeinflußte ihn bei ihrer Erhebung nur verhältnismäßig wenig.

Eigenartig berührt uns auch Müllers Zurückhaltung gegenüber dem Experiment. Er teilt die Meinung, die Goethe in seiner Abhandlung „Der Versuch als Vermittler von Objekt und Subjekt" (1793) niedergelegt hat und die in dem bekannten Faustzitat

Geheimnisvoll am lichten Tag,
Läßt sich Natur des Schleiers nicht berauben,
Und was sie deinem Geist nicht offenbaren mag,
Das zwingst du ihr nicht ab mit Hebeln und mit Schrauben,

ihren Niederschlag findet. Müller formulierte es 1824 so:

Die Beobachtung schlicht, unverdrossen, fleißig, aufrichtig, ohne vorgefaßte Meinung – der Versuch künstlich, ungeduldig, emsig, abspringend, leidenschaftlich, unzuverlässig. – Es ist nichts leichter, als eine Menge sogenannter interessanter Versuche zu machen. Man darf die Natur nur auf irgendeine Weise gewalttätig versuchen, sie wird uns in ihrer Not eine leidende Antwort geben. Nichts ist schwieriger als sie zu deuten, nichts ist schwieriger als der gültige physiologische Versuch, und dieses zu zeigen und klar einzusehen, halten wir für die erste Aufgabe der jetzigen Physiologie. [43]

Rudolphi, der selbst ein Lehrbuch der Physiologie geschrieben hat, war noch weiter gegangen und hatte die Physiologie an sich für vage und spekulativer als die Anatomie gehalten. Müller urteilte:

Rudolphis Richtung in der Physiologie war überwiegend anatomisch und skeptisch, meistens galten seine Untersuchungen der Widerlegung herrschender Meinungen. [44]

Und Müller selbst hat in Berlin zwar noch den zweiten Teil seines Handbuchs der Physiologie des Menschen (1837) herausgegeben, aber sich in seiner Forschung kaum noch mit Physiologie beschäftigt. Die vergleichende Anatomie und die Systematik der Tiere standen ganz im Vordergrund. Er zeigte auch wenig Interesse für die physiologischen Experimente seiner Schüler. Fast hat es den Anschein, als habe er bemerkt, daß die Physiologie über seinen beobachtenden, sammelnden und vitalistisch interpretierenden Standpunkt hinausgewachsen war.

Müller hat weder die neue Pathologie noch die neue Physiologie begründet, diese tragenden Säulen der naturwissenschaftlichen Medizin, die immer noch unsere Medizin ist. Seine Schüler aber haben auf beiden Gebieten entscheidend zu ihrer Entstehung beigetragen. Rudolf Virchow hat von Müllers Arbeit „Über den feineren Bau und die Formen der krankhaften Geschwülste" (1838) die entscheidenden Impulse für seine spätere Zellularpathologie erhalten. Und zu den Begründern der neuen kausalanalytischen, sich ausschließlich auf Physik und Chemie gründenden Physiologie gehören Emil du Bois-Reymond, Ernst Brücke und Hermann Helmholtz. Damit ist die Zahl von Müllers bedeutenden Schülern und Mitarbeitern nicht erschöpft. Als wichtigste seien nur genannt: Jakob Henle, der neben vielen anderen wissenschaftlichen Leistungen in seinem Handbuch der rationellen Pathologie die Pathophysiologie und die Lehre von den lebenden Krankheitserregern vorwegnahm, und Theodor Schwann, der 1839 die Zelle als Bauelement der Tiere wie der Pflanzen verallgemeinerte.

Es ist eine interessante Frage, warum Johannes Müller, der selbst noch eine Zwischenposition zwischen Altem und Neuem in der medizinischen Grundlagenforschung einnahm, eine derartige Schlüsselstellung für die Entstehung der neuen Medizin innehatte. Maßgeblich für diese Entwicklung im allgemeinen war der sich schnell vergrößernde Vorlauf der Naturwissenschaften. Aber Müllers Persönlichkeit hat bewirkt, daß diese neuen Möglichkeiten gerade von seinen Schülern benutzt und auf die Medizin angewendet wurden.

Bis auf die großartige anatomische und pathologische Sammlung war an Voraussetzungen für Forschung und Experiment kaum etwas vorhanden, aber dennoch war Müllers anatomisches Institut und Museum ein Sammelpunkt aufstrebender Wissenschaftler. Johannes Müller verstand es, junge Talente zu erkennen, anzusprechen und zu fördern, er beherrschte den gesamten Kenntnisstand seiner Zeit auf den weiten von ihm vertretenen Gebieten und rang um ihre geistige Durchdringung. Obwohl er eher als verschlossen und nicht sonderlich mitreißend geschildert wird, muß eine eigenartige und anregende Ausstrahlung von ihm ausgegangen sein. Um seine Schüler kümmerte er sich wenig, wenn sie ihr Thema erhalten hatten, aber er redete ihnen auch nicht hinein und nötigte ihnen seine Ansichten nicht auf. Es berührt eigenartig, unter einem ausgesprochenen Vitalisten und Gegner des Experiments kampflos die antivitalistische moderne Experimentalphysiologie entstehen zu sehen. Auf diese Lehrer-Schüler-Beziehungen werfen die Briefe von du Bois-Reymond ein klärendes Licht.

Der allgemeine Studiengang der Mediziner und speziell der von Hallmann für seinen Freund entworfene Studienplan führte du Bois schon im ersten Studiensemester in Müllers Vorlesungen und nach einigen Wochen in dessen anatomischen Präparierkurs. Es ist aber nicht so, daß Hallmann ihn mit Müller persönlich in Verbindung brachte. Als du Bois Medizin zu studieren begann, war Hallmann nicht mehr in Berlin, und überdies hatte er sich mit Müller überworfen, so daß er riet: „Mein Name werde nie erwähnt." Obwohl durch den Freund negativ beeinflußt, suchte du Bois den großen Naturforscher sofort auf und war beeindruckt. Mit zunehmender Kenntnis wurde sein Urteil immer günstiger, wofür er sich bei Hallmann halb entschuldigt. Während er nach dem ersten Vierteljahr noch urteilt:

Dein Müller ist bei Weitem der unangenehmste Mensch, der mir seit langer Zeit begegnet ist,

aber gleich einräumt,

mit mir ist er, freilich stets sehr höflich,...

dann schneidet er, um freundlich zu sein, die merkwürdigsten Gesichter. Es soll mich sehr wundern ob ich nicht noch mit ihm in persönliche Beziehung kommen werde,

heißt es zwei Monate später: „Mit Müller vorzüglich steh' ich gut."
Er arbeitet auf dessen Zimmer, bekommt seine Zeichnungen gezeigt und besitzt den Schlüssel zu den Schränken des Museums.

Du tust wohl zu gestehen, daß ich die Sache brilliant anfange.
Daß Müller nicht geistreich sein kann, leugne ich dir ins Gesicht ab. Daß Müller nicht ein sehr bedeutender Mensch sei desgleichen. – Deine Theorie über ihn halt' ich soweit für falsch, [16]

schreibt er bald darauf.
Schon damals nach dem ersten Semester konnte er durch seine Verbindungen zur Physik Müller über Neuheiten berichten wie über das Stereoskop von Charles Wheatstone. Erst im Fortgang seiner eigenen wissenschaftlichen Arbeit, deren Thema er von Müller erhalten hatte, erkannte er den fördernden Einfluß des großen Gelehrten und schrieb an Hallmann:

Hier hab' ich nun meinen Müller kennen gelernt; ich werde ihm für die Zartheit der Gesinnung, die Dienstfertigkeit und die Wärme, die er mir bei dieser Gelegenheit wie bereits bei manchen anderen zeigte, mich zeitlebens verpflichtet halten.

Ähnlich wie seinem Freund Helmholtz sicherten du Bois seine physikalischen Interessen und Kenntnisse weniger eine fördernde Anerkennung, denn noch war eine Nachfrage nach Physikern in der Physiologie, zumindest in Berlin, nicht vorhanden, als daß sie ihn in die Lage versetzten, mit der Begründung der Physiologie auf die Physik selbst die Wende einzuleiten und die moderne Physiologie mitzubegründen.
Im Frühjahr 1841 übergab ihm Müller ein Buch des italienischen Physikers Carlo Matteucci über den Froschstrom und das Verhalten des Nervenprinzips zur Nachprüfung der dort beschriebenen Versuche. Müller hatte das Buch von Alexander von Humboldt

erhalten, der selbst „Versuche über die gereizte Muskel- und Nervenfaser“ 1797 in zwei Bänden mit fast 1 000 Seiten Umfang veröffenlicht hatte. [33, 34, 35] Für diese Untersuchungen boten sowohl die physikalischen wie die sprachlichen Kenntnisse des Doktoranden eine unentbehrliche Voraussetzung.
Am 29. März 1841 schrieb du Bois an Hallmann:

Er meinte, die Aufgabe sei für mich, ich für die Aufgabe geschaffen. ... Augenscheinlich haben alle, welche bisher diesen Gegenstand untersuchten, den alten Humboldt vielleicht ausgenommen, der aber die Sache längst aus den Augen verloren hatte, als der Elektromagnetismus und die Induktion entdeckt wurden, bald nichts von Physik, bald nichts von Physiologie verstanden und so ist es gekommen, daß noch keiner die Sache von dem Standpunkt hat auffassen können, von dem ich sie gleich ergriff, und der die Wenigen, denen ich Mitteilung darüber gemacht, mit den kühnsten Hoffnungen erfüllt hat.

Müller wie du Bois waren überzeugt, die richtige Wahl getroffen zu haben. Die Zukunft gab ihnen recht.
Die Funktion der Nerven mit Elektrizität in Verbindung zu bringen war nicht ganz neu. Seit dem Altertum bis ins 17. Jahrhundert glaubte man, daß die nervale Vermittlung zwischen Sinnesorganen und zentralem Nervensystem einerseits, vom Gehirn und Rückenmark zu den Muskeln andererseits als Leitung eines gasförmig vorgestellten Pneumas oder Spiritus erfolge. Dessen Stelle nahm etwa seit Marcello Malpighi ein Nervensaft ein, somit auch die Nerventätigkeit der gängigen Humoraltheorie des Organismus einverleibend. Später dachte man an wenig definierte Kräfte als Unterarten jener geheimnisvollen Lebenskraft, mit der der Vitalismus zu erklären versuchte, was er nicht erklären konnte. Die Ähnlichkeit der Schläge der Zitterfische mit elektrischen Schlägen der Elektrisiermaschine und die Analogie der Nervenverbindungen zu elektrischen Leitern legten in der Mitte des 18. Jahrhunderts die Vermutung nahe, das „Nervenprinzip“ und die Muskelbewegung könnten etwas mit Elektrizität zu tun haben. Zuerst wurde diese Meinung 1743 von dem Mathematiker und Physiker Christian August Hausen geäußert. Erst 1772 wies John Walsh nach, daß die Schläge des Zitterrochens elektrischer Natur seien. Der englische Mediziner John Hunter zeigte, daß dieser Fisch zur Elektrizitätserzeugung ein besonderes Organ besitze.
Als Luigi Galvani im Jahre 1780 Froschschenkel zum Zucken brachte, ohne daß sie unmittelbar mit der Elektrisiermaschine

verbunden waren, nahm er irrtümlich die Wirkung vom Frosch erzeugter tierischer Elektrizität an. Tatsächlich handelte es sich um elektrische Reizung, die durch Rückschlag von Influenzladungen und in anderen Versuchen durch Berührungsspannungen zwischen verschiedenen Metallen erfolgte. Galvanis Versuche wurden von vielen nachgeprüft und modifiziert, u. a. von Alexander von Humboldt. Auch theoretisch wurde der tierischen Elektrizität ähnlich dem „tierischen Magnetismus" hohe Bedeutung für die Lösung des Lebensgeheimnisses zugemessen. Der romantischen Naturphilosophie mit ihrem Hang, überall Polaritäten zu sehen, kamen solche Denkneigungen entgegen.

Alessandro Volta wies nach, daß es sich bei Galvanis Versuchen nicht um die Wirkung tierischer Elektrizität handelte, und wurde dabei zur Erfindung des galvanischen Elements geführt. Galvani ließ nicht nach, bis er schließlich zeigen konnte, daß die Berührung des Nerven mit einem Muskel unter bestimmten Bedingungen das Froschschenkelpräparat zur Zuckung veranlaßte. Dieser wirkliche Nachweis tierischer Elektrizität wurde 1797 von Alexander von Humboldt bestätigt. Leider hatte er wenig Beweiskraft, solange man auch hier an eine bloße Berührungsspannung zwischen verschiedenen Medien glaubte. Vielleicht mehr als die Richtigstellungen von Volta und seine darüber hinausgehenden Interpretationen hat die Abkehr vom romantischen Denken die Mode des Experimentierens mit dem Nerv-Muskel-Präparat des Frosches und damit die aufsehenerregenden Anfänge der Elektrophysiologie vorübergehend abklingen lassen. Johannes Müller war einer elektrischen Deutung des Nervenprinzips, ja überhaupt der Elektrizitätserzeugung in Nerv und Muskel wenig gewogen. Seine vitalistische Einstellung macht das verständlich. Es sollten ja eben spezifische Energien im Organischen wirken und nicht die aus dem anorganischen Bereich vertrauten physikalischen Phänomene. Es fiel ihm leicht, in seinem Handbuch zu zeigen, daß die Nervenleitung keine elektrische Leitung ist. Zu weit ging aber seine Ablehnung, wenn er folgert,

> daß in den Nerven bei den Lebensactionen keine electrischen Strömungen stattfinden. [45]

Müller wird also Matteuccis Feststellungen nicht sehr gewogen gewesen sein, als er du Bois zur Nachprüfung aufforderte. Nun hat dieser zwar Matteucci stark und in übertriebenem Maße kritisiert, doch war das kein von Müller induziertes Vorurteil. Die erste Reaktion von du Bois war vielmehr durchaus positiv. Er war sofort von seiner Aufgabe fasziniert und sah von Matteucci nicht bemerkte Analogien zur zehn Jahre zuvor von Michael Faraday entdeckten elektromagnetischen Induktion. Hiervon erhoffte er sich die Klärung der Funktionsweise des Nerven – eine trügerische Annahme, der er aber im Grunde sein ganzes Leben treu geblieben ist.

Matteucci hatte in seinem "Essai sur les phénomènes électriques des animaux" (Paris 1840), der du Bois zur Nachprüfung vorlag, angegeben, daß nur Ein- und Ausschalten des Stromes eine Empfindung bzw. eine Muskelkontraktion auslösen. Das hatte allerdings schon 1802 J. W. Ritter beschrieben, für du Bois aber war es neu, und er sah eben hierin die Analogie zur elektromagnetischen Induktion. Uns beeindruckt heute mehr, daß Matteuccis Beobachtungen bereits das polare Erregungsgesetz von Eduard Friedrich Wilhelm Pflüger aus dem Jahre 1859 beschreibend vorwegnahmen: Reizt man beim Menschen einen Nerven, der sensible und motorische Fasern enthält, indem man die Anode peripher von der Katode legt, so erhält man bei genügend starkem Strom beim Schließen des Stromkreises nur eine Schmerzempfindung und beim Öffnen nur eine Muskelzuckung.

An der Möglichkeit elektrischer Reizung bestand nach den Reizversuchen von Christian Gottlieb Kratzenstein (1745) und Leopoldo Marco Antonio Caldani (1756) mit Entladungen der Leydener Flasche im Prinzip kein Zweifel mehr.

Für Müller war der zweite Teil des Essays interessanter, in dem wiederum die Elektrizitätsproduktion des Frosches behauptet wurde. Der hier zur Debatte stehende „Froschstrom", der am Präparat beider Schenkel von den Füßen aufwärts gerichtet ist, war von Leopoldo Nobili schon 1827 entdeckt, aber als thermoelektrisches Phänomen beschrieben worden. Matteucci hatte ihn auch zwischen den Füßen und beliebigen Teilen bis zum Kopf des kurz vorher schnell getöteten und abgehäuteten Frosches erhalten.

Sein optimistisches Selbstvertrauen und die vorläufige Unkenntnis der vielen Implikationen ließ du Bois hoffen, die Arbeit bald abzuschließen. Aber es kam anders. Der Bau eines Galvanometers, teils mit fremder Hilfe, teils von eigener Hand, kostete den ersten Sommer. 36 Jahre später bei der Eröffnung des neu erbauten, gut ausgestatteten Physiologischen Instituts wies du Bois die Studenten auf die früheren Arbeitsbedingungen hin:

Wir haben selber unsere Rollen gewickelt, unsere Elemente gelötet, ja unsere Kautschukröhren geklebt, denn noch gab es keine käuflichen Gummischläuche. [7, Bd.I, S. 634]

Im Winter aber starben ihm alle Frösche, und das klinische Studium nahm ihn so in Anspruch, daß sich auf das Literaturstudium beschränkte:

Ich begnügte mich, aus etlichen hundert Schmökern vom Ende des vorigen und dem Anfang des jetzigen Jahrhunderts die geschichtlichen Daten über das Phänomen, dessen Weiterergründung mir soviel Sorge macht, als Einleitung zu meiner Arbeit zusammenzutragen und zu einem Ganzen abzurunden. [16]

Das dankenswerte Ergebnis dieses wissenschaftshistorischen Studiums ist eine der bis heute besten und gründlichsten Darstellungen der Frühgeschichte der Elektrophysiologie, die erste von mehreren Leistungen, die du Bois als hervorragenden medizinhistorischen Autor ausweisen.
Im Mai 1842 begannen nach diesen technischen und literarischen Vorbereitungen die Experimente im großen Stil und schlugen du Bois völlig in ihren Bann. Er hoffte,

daß, wenn ich mich fünf Vierteljahr plage, es doch etwas Gescheites werden muß. [16]

Als sein Vater Alexander von Humboldt gegenüber die Erwartung aussprach, Emil werde in einem Jahr mit den Untersuchungen fertig werden, antwortete ihm der elektrophysiologisch Erfahrene mit erstaunlicher Prophetie:

Ne le croyez pas. Il les a pour sa vie. (Glauben Sie es nicht. Er hat sie für sein Leben.) [41]

Immerhin konnte du Bois im Januar 1843 einen ersten, 30 Seiten umfassenden „Vorläufigen Abriß über den sogenannten Froschstrom und die elektrischen Fische“ in Poggendorffs Annalen der Physik und Chemie veröffentlichen [1] (Abb. 2). In 76 Thesen finden sich bereits wesentliche Ergebnisse, die später in der um-

1843. ANNALEN №. 1.

DER PHYSIK UND CHEMIE.

BAND LVIII.

I. *Vorläufiger Abrifs einer Untersuchung über den sogenannten Froschstrom und über die elektromotorischen Fische;*
von Emil du Bois-Reymond.

Im Frühling 1841 forderte mich Hr. Geheimerath J. Müller auf, eine Untersuchung über den Froschstrom, *courant de la grenouille* Nobili, anzustellen. Die Resultate, zu welchen ich bis jetzt gelangt bin, sind folgende.

1) Wird ein frisch getödteter enthäuteter Frosch an Kopf und Füfsen mit den Enden eines leitenden Bogens in der Art berührt, dafs dadurch keine neue Spannung gesetzt wird [1]), so zeigt gleichwohl eine in diesen

1) Sämmtliche Versuche, mit Ausnahme begreiflich der unter (8) und (18) beschriebenen, sind an einem Multiplicator von der üblichen Construction angestellt, auf dessen Rahmen ein Kilometer von 0",0065 Par. dickem Kupferdraht in 4650 einfachen Windungen aufgetragen ist, und dessen Nadelspiel, bei Anwendung der Melloni'schen Compensation (*Arch. de l'Electr. No. 3, p.* 656), eine so hohe Beweglichkeit besitzt, dafs die geringe Schwächung der oberen Nadel, welche durch die strahlende Wärme einer dicht neben der Glasglocke des Instruments angebrachten Kerzenflamme bewirkt wird, hinreicht, um eine Drehung der Azimuthebene, in welcher dasselbe im Gleichgewicht ist, im Werthe von 9° nach sich zu ziehen. — Der im Text ausgesprochenen Bedingung, dafs durch die Berührung der Enden des multiplicirenden Leiters mit den thierischen Theilen keine neue Spannung gesetzt werden dürfe, wurde nach Nobili's und Matteucci's Vorgang dadurch Genüge geleistet, dafs diese Enden aus einem feuchten Leiter bestehend gewählt wurden; wodurch nämlich der Experimentator in Stand gesetzt ist, jede selbständige elektromotorische Wirkung der metallischen Multiplicatorenden auf's genaueste zu controlliren. — Indem ich einerseits den Leitungswiderstand dieser feuchten Multiplicatorenden möglichst reducirte, andererseits mich eines so höchst empfindlichen Instruments bediente, ward es möglich, dafs die Win-

Poggendorff's Annal. Bd. LVIII. 1

2 Titelblatt der ersten Publikation von Emil du Bois-Reymond zur Elektrophysiologie (In: [1])

fangreichen Monographie breit dargelegt werden: Beschreibung und Analyse des Froschstroms und des Stromes des ruhenden Muskels und Nerven, ja selbst der Abnahme des Muskelstroms bei Muskelkontraktion in Wiederholung eines Experiments von Matteucci. Entsprechend Müllers Aufgabenstellung handelt es sich vorwiegend um derartige kritische und teils variierte Nachprüfungen. Das gilt auch für den Nachweis des Muskelstroms, bei dem sich du Bois nachdrücklich auf Matteuccis Publikationen vom 21. Februar 1842 bezieht. Die Priorität gebührt also dem Italiener. Die Ergebnisse der experimentellen Nachprüfungen durch den Berliner stimmen mit den heute zu erhaltenden Resultaten nicht in allen Fällen besser überein als die Originalversuche Matteuccis. Dessen Interpretationen aber können uns wenig befriedigen. So führte er im Unterschied zu du Bois-Reymond die Nerventätigkeit auf Ätherschwingungen zurück und hielt die Stromentstehung für ein physikalisches Phänomen, das mit der eigentlichen Lebensfunktion von Nerv und Muskel nichts zu tun habe.

Als Humboldt Ende Februar 1843 aus Paris zurückgekehrt war, übergab ihm du Bois seinen „Abriß" und ein ausführliches französisch geschriebenes Manuskript mit der Bitte, es der Pariser Akademie zu empfehlen. Der Bitte des Studenten entsprach der große Förderer so vieler Wissenschaftler ebenso, wie er die brieflichen Mitteilungen des Professors Matteucci aus Pisa, der es übrigens später (1862) sogar bis zum italienischen Unterrichtsminister gebracht hat, an die Akademie weiterzuleiten pflegte.

Im September 1845 betrachtete du Bois die Versuche als abgeschlossen, „obwohl sich noch immer hier und da etwas zu tun findet". [16]

Es folgte die Herstellung der Zeichnungen und die Niederschrift des Manuskriptes, das ihm unter den Händen immer mehr anwuchs. Schon im Oktober stellte er mit gewohnter hoher Selbsteinschätzung fest:

> Ich glaube, es werden zwei Bände mit 100 Zeichnungen; ich darf dreist sagen, ein Werk, wie es, seit der großen Erfindung der Journalliteratur, keine wissenschaftliche Disciplin aufzuweisen hat. [16]

Im März darauf (1846) aber mußte er hinzufügen:

> Ich habe nämlich das Manuskript unterschätzt ... Ich schreibe und schreibe und werde nicht fertig. Das ist es was mich quält: seit Jahren diese Last, keinen Augenblick sorglos zu sein, sondern immer der zur zweiten Natur gewordene Trieb: an diesem Buch zu arbeiten. [16]

Er trennte sich von seinem Verleger Alexander Duncker, dem das Werk zu sehr anschwoll, nachdem der Druck schon begonnen hatte, und einigte sich mit Georg Reimer, der für eine Pauschale von 300 Thalern alles zu drucken bereit war, was noch kommen würde. Denn:

Fertig ist das Manuskript übrigens noch nicht und ich finde sogar hin und wieder noch immer zu experimentieren (17. 6. 1846).[16]

Viele berühmte Gäste haben ihn in seiner Wohnung besucht und sich die Versuche angesehen oder sich auch selbst als Versuchspersonen zur Verfügung gestellt, darunter Alexander von Humboldt, Johann Christian Poggendorff, Paul Ermann, Heinrich Gustav Magnus, Heinrich Dove, Peter Theophil Riesz, Christian Gottfried Ehrenberg, Moritz Heinrich Romberg, Johannes Müller, Ludwig Traube und Hermann Helmholtz.

Ende September 1848 erschien der erste Band der „Untersuchungen über thierische Elektricität", Johannes Müller zugeeignet, und 1849 die erste Abteilung des zweiten Bandes, Alexander von Humboldt gewidmet [3] (Abb. 3 und 4). Ein Teil der zweiten Abteilung erschien 1860, einige Ergänzungen und ein historisch-kritisches Nachwort aber gar erst 1884, worin begründet wird,

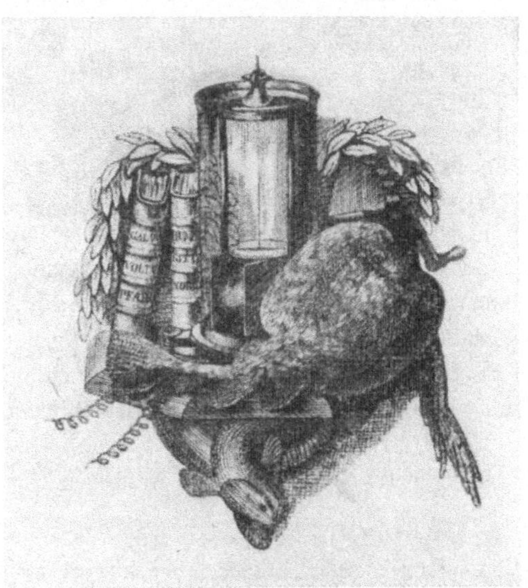

3 Titelvignette zum 1. Band der Untersuchungen über tierische Elektrizität, von du Bois-Reymond gezeichnet. In der Mitte über der Darstellung eines Zitterrochens ein Multiplikator, das elektrophysiologische Standardgalvanometer der 40er und 50er Jahre des 19. Jahrhunderts (In: [3] Titelblatt Bd. I.)

daß das Werk wegen des Fortschritts der Methoden und Ergebnisse unvollendet bleiben mußte. In der Zwischenzeit (1875/77) hatte du Bois bereits zwei Bände „Gesammelte Abhandlungen zur allgemeinen Muskel- und Nervenphysiologie" [6] gleichsam dazwischengeschoben.

In den Osterferien 1850 ging du Bois-Reymond nach Paris, der damaligen Metropole der Naturwissenschaft und Medizin, um seine Versuche vorzuführen, seine Ergebnisse darzustellen und die Anerkennung der führenden Wissenschaftler zu finden. Vor allem aber beabsichtigte er, Matteuccis Einfluß entgegenzuwirken, der seine Feststellungen als angeblich experimentell nicht belegte Hypothesen abgetan und so den Versuch gemacht habe, ihn zu „vernichten". Den Rat zu dieser Reise hatte ihm der Physiker Heinrich Gustav Magnus schon 1846 gegeben:

Magnus sagt: „Sowie Sie mit dem Druck fertig sind, packen Sie Ihre ganze Wirtschaft, Multiplikator nebst Zubehör usw. ein, nehmen 20 Freiexemplare mit, gehen nach Paris, nehmen ein ruhiges Stübchen beim Pflanzengarten, bombadiren mit ihrem Buch und sind unverschämt bis Sie die Kerle auf Ihrer Stube haben. Dann schließen Sie ab, stecken den Schlüssel in die Tasche und experimentieren ihnen vor." [16]

Humboldts Empfehlungen – am Tage der Abreise hatte er ihm noch sieben Empfehlungsbriefe schreiben müssen – und seine Beherrschung des Französischen waren für du Bois vorteilhaft. Er trug seine Ergebnisse mehrfach der Akademie vor und zeigte seine Versuche einer eigens gebildeten Kommission, der neben Physikern der Physiologe und Vivisektor François Magendie angehörte. Ihr Urteil fiel großenteils zu seinen Gunsten aus. Vorbehalte betrafen besonders den muskulären Ursprung von Stromschwankungen bei der willkürlichen Kontraktion menschlicher Muskeln.

Befriedigt, aber voreilig, hielt du Bois-Reymond Matteucci für geschlagen:

Ich denke das Handwerk wird ihm fortan gelegt sein, da er nun vollends nicht mehr von der Stelle kommen wird. [17]

Aber die Polemik geht von beiden Seiten weiter, und 1853 spricht du Bois, der im Jahr davor in England gewesen war und mehrere Wochen bei Faraday gearbeitet hatte, diesmal in englischer Sprache [4], dem Italiener die Priorität hinsichtlich des Muskelstroms

und der „negativen Schwankung“ bei der Kontraktion ab wegen Unklarheiten, späterer Zurücknahme und fehlerhafter Deutung.
Die „Untersuchungen“ und die „Gesammelten Abhandlungen“ enthalten auf 2986 Seiten fast den gesamten Niederschlag der experimentellen Arbeiten von du Bois-Reymond. So bequem dadurch der Zugang zu seinen Forschungsergebnissen ist, so mühsam ist das Studium der ausführlichen, nicht leicht verständlichen und nicht immer eindeutig klaren Darstellung. Es wird auch unter den heutigen Elektrophysiologen nur wenige geben, die unter dem Druck der aktuellen Informationsflut die wenig ergiebige Mühe auf sich nehmen, die fünf Bände ihres Klassikers durchzuarbeiten. Das Verhältnis zum klassischen Original ist in der Medizin und in den Naturwissenschaften anders als in den Gesellschaftswissenschaften. Der Beitrag des einzelnen, auch des Begründers einer Richtung oder des großen Fachvertreters, ist hier aufgehoben im Fortschritt der Wissenschaft, deren aktuellen Stand man sich aneignet und deren Aktualisierung man auf engstem Arbeitsgebiet zu verfolgen bemüht ist.
Breiten Raum nehmen die Darstellungen der Forschungsmethodik bei du Bois ein. Genau beschrieben werden zahlreiche Veränderungen der Methodik, die uns oft ziemlich unwesentlich erscheinen und die größtenteils bald wieder zugunsten eigener Verbesserungen verlassen wurden. Sprünge in dieser kontinuierlichen Weiterentwicklung traten bei der Einführung neuer Meßprinzipien ein, sie machten gewöhnlich die vorhergehenden Verbesserungen hinfällig und verwerteten höchstens fertigungstechnische Erfahrungen. Das zunächst übliche Meßgerät für biogene Ströme war der Multiplikator (Abb. 4), ein von vielen Drahtwindungen umgebenes Paar Magnetnadeln, die entgegengesetzt gerichtet waren, um den Einfluß des Erdmagnetfeldes möglichst weitgehend aufzuheben. Dieses elektromagnetische Meßgerät ging ursprünglich auf den Hallenser Physiker Johann Salomo Christoph Schweigger zurück. Schon Nobili hatte mit ihm gemessen und es dabei weiterentwickelt. Du Bois begann mit einem Multiplikator von 4 650 Windungen zu arbeiten und brachte es schließlich auf 24 160 Windungen, die er in fast 500stündiger Arbeit selbst gewickelt hatte. Die Magnetnadeln dieses empfindlichen Gerätes brachte auch der schwache Nervenstrom zum Vollausschlag. Mitte der fünfziger Jahre ersetzte er den Multiplikator durch die Tangenten-

4 Multiplikator (In: Cyon, E.: Atlas zur Methodik der physiologischen Experimente und Vivisectionen. Gießen 1876. Tafel XXXIX. Abb. 3.)

bussole mit Spiegelablesung, die bei einfacherer Handhabung, gleicher Empfindlichkeit und niedrigerem Preis eine Messung der absoluten Stromstärke ermöglichte. Wie hier die aperiodische Dämpfung, so hat er oft das Verhalten der Meßgeräte physikalisch untersucht und berechnet und in mehreren Fällen die Ergebnisse gesondert publiziert. Anstelle der problematischen und nicht rückwirkungsfreien Strommessung benutzte du Bois auch die Messung der elektromotorischen Kräfte mit der Poggendorffschen Kompensationsmethode, bei der eine gegebene Spannung durch Spannungsteilung an einem Widerstandsdraht so lange verringert wird, bis zwischen den nicht kurzgeschlossenen Polen der gegebenen und der unbekannten Spannungsquelle kein Strom mehr fließt.

Seitdem man die metallischen Berührungsspannungen kannte, wurde das Präparat mit dem Meßgerät über nichtmetallische Leiter verbunden. Du Bois nahm dazu eiweißüberzogene Filtrierpapierbäusche. Sie hingen aus Gefäßen mit konzentrierter Kochsalzlösung heraus, in welche die Platinelektroden des Galvanometers tauchten (Abb. 5). Die von Jules Regnauld 1854 angegebenen unpolarisierbaren Elektroden, die in eine Lösung eines eigenen Salzes tauchen und bei denen sich daher nicht durch Reaktion zwischen Metall und Elektrolyt eine Gegenspannung aufbaut, verwendete Matteucci seit 1856. Du Bois prüfte dessen ihm zunächst nach eigenen Versuchen von 1848 „sehr bedenklich" er-

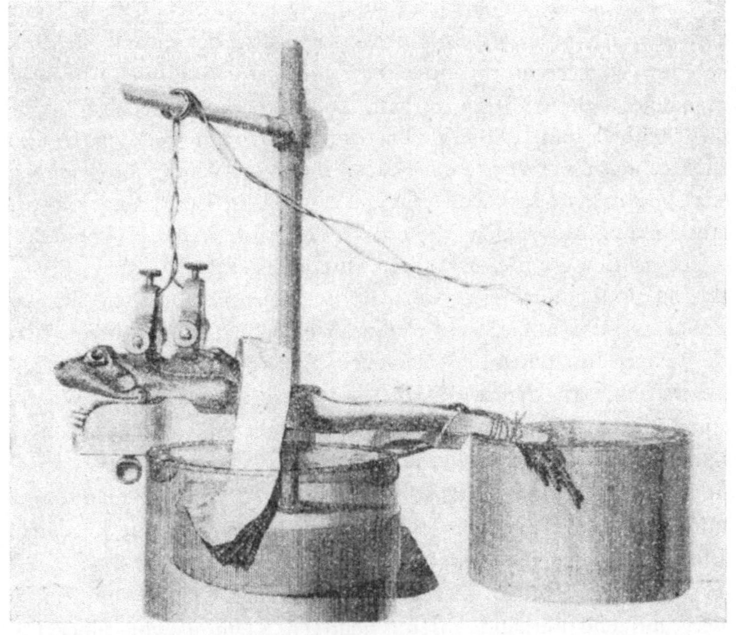

5 Rückenmarksreizung des lebenden, unverletzten Frosches durch die Haut und Ableitung der „negativen Schwankung" zwischen Hüfte und Pfoten. Die mit gesättigter Kochsalzlösung getränkten und an der Berührungsstelle mit dem Frosch mit Eiweiß überzogenen Fließpapierbäusche tauchen in Gefäße mit Kochsalzlösung zur leitenden Verbindung mit den Platinelektroden des Multiplikators (Zeichnung von E. du Bois-Reymond) (In: [3] Titelblatt Bd. II.)

scheinende Angaben nach. Da er dabei zu „überraschend positiven Ergebnissen" kam, verwendete er sie ab 1858 selbst. Unverständlicherweise wurde ihm früher häufig ihre Erfindung zugeschrieben.

Schon vor der ersten Mitteilung aus dem Jahre 1843 hatte du Bois mit seinem Multiplikator mit „nur" 4 650 Windungen den Muskelstrom und den Nervenstrom des Froschschenkelpräparates nachgewiesen, später kamen noch die Ströme des (inaktivierten) Herzmuskels, des Auges, der Lunge, Leber, Niere, der Drüsen, der glatten Muskulatur und des Knochen hinzu.

Worum handelte es sich dabei? Wir wissen heute, daß Muskeln, Nerven und die meisten anderen Organe eine dauernde Potentialdifferenz (Ruhe- oder Bestandspotential) zwischen ihrem Inneren und ihrem Äußeren, genau gesagt: zwischen dem Inneren und dem Äußeren der einzelnen Zellen, also der einzelnen Muskel- und Nervenfasern aufweisen, wobei sich das Innere negativ gegenüber dem Äußeren verhält. Die Potentialdifferenzen liegen zwischen 40 und 100 mV. Da die Elektroden bei den frühen Elektrophysiologen auf dem „künstlichen Querschnitt" aber immer mit Zellinnerem und Zelläußerem zugleich in Berührung kamen, lagen ihren Messungen sogar noch merklich kleinere Potentialdifferenzen zugrunde. Mit ihren strommessenden Geräten (Rheoskopen, Galvanometern) wurden die äußerst schwachen Ströme gemessen, die auf Grund dieser kleinen Spannungsdifferenzen durch das Instrument mit seinem wegen der vielen Windungen kilometerlangen dünnen Draht und entsprechend hohen Widerstand flossen. Auch noch in den ersten Jahrzehnten unseres Jahrhunderts, als man vorwiegend mit dem 1903 von Wilhelm Einthoven eingeführten Saitengalvanometer maß, sprach man daher mit Recht von Bioströmen, während heute die zugrunde liegenden Biopotentiale gemessen werden.

Eigenartigerweise hat du Bois-Reymond nicht wie vor ihm Matteucci und entsprechend unserer heutigen Kenntnis von einer Potentialdifferenz zwischen Innen (Schnittfläche) und Außen (Oberfläche) gesprochen, sondern er erhielt seine Ströme zwischen der Längs- und Querrichtung der Organe, ganz gleich, ob die Oberfläche intakt („natürlicher Längs- bzw. Querschnitt") oder verletzt („künstlicher Längs- bzw. Querschnitt") war. Auch an einem herausgeschnittenen Stück Muskelfleisch beobachtete er den gleichen Strom zwischen Längs- und Querseite. Das ist nur so zu erklären, daß der Anteil des Faserinneren, der mit der Elektrode in Berührung kam, auf dem Querschnitt größer ist als in der Längsrichtung, wo die Elektrode noch auf vielen unverletzten Faserwänden aufliegt. Schwieriger zu interpretieren ist die elektrische Gleichsetzung von intaktem Sehnenende („natürlicher Querschnitt“) und Muskelquerschnitt. Leiten wir heute vom unverletzten sehnigen Ende des Muskels gegen das Muskelinnere ab, etwa durch einen Einstich von der Längsseite, so stellen wir genau die entgegengesetzte Polung fest wie du Bois.

Während wir die Entstehung der Biopotentiale mit der Zellmembran als der Grenzfläche zwischen Innen und Außen in ihrer spezifischen und selektiven Ionendurchlässigkeit in Verbindung bringen, sah du Bois die Ursache der beständigen Organströme analog zu Ampères Theorie der Molekularmagnete in Molekülen, die mit einer entsprechend orientierten Ladung versehen, ausgerichtet das Innere der Organe erfüllen sollten. Ihre positive Ladung mußte rechtwinklig zu der in der Organachse angeordneten negativen Ladung liegen. Also nahm er „peripolare“ Moleküle an, Kugeln, die an den Polen negativ geladen sind und einen positiv geladenen Äquatorialring besitzen. In späteren Jahren konnte auch du Bois häufig zwischen Längs- und Querseite des unverletzten Muskels keinen Strom ableiten, wie es heute bei einwandfreiem Vorgehen immer der Fall ist. Er interpretierte diese vermeintliche Abweichung als „parelektronomisches“ Verhalten bei irregulärer Molekülanordnung an den Sehnenenden: Das normale Verhalten wurde als Ausnahme gedeutet. Hier zeigt sich der ganze Abstand seiner Präexistenztheorie des Muskelstroms von unserer Membrantheorie des Bestandspotentials.

Die bisher beschriebenen Ergebnisse, Irrtümer, Vorurteile und Deutungen beziehen sich auf das elektrische Verhalten ruhender Organe, unerregter Nerven und unkontrahierter Muskeln. Um erregte Nerven und Muskeln zu untersuchen, mußten sie zuvor gereizt werden. Am besten eignet sich dazu die elektrische Reizung. Sie ist in bezug auf verschiedene Parameter (Intensität, Dauer, Steilheit, Folge) am besten dosierbar und reproduzierbar, sie ist am wenigsten schädigend zu gestalten und schnell wiederholbar. Der Nachteil ist nur, daß sie stören kann, wenn die Stromproduktion bei der Reizantwort gemessen werden soll, oder daß die biogene Entstehung gemessener Ströme dann eventuell von Kritikern in Zweifel gezogen wird. Insofern wird man sich mechanischer oder lokaler chemischer Reizung bedienen, um auch dann das Auftreten elektrischer Erscheinungen festzustellen. Du Bois bediente sich überdies des Strychnins, das über die Ausschaltung von Hemmungen im Rückenmark stürmische Muskelkontraktionen auslöst.

Schon aus Matteuccis Essay hatte du Bois erfahren, daß ein Gleichstrom nur bei der Schließung und Öffnung des Stromkreises den Froschmuskel zucken läßt. Seine Annahme, daß die Wirksamkeit des Reizes der Steilheit seiner Intensitätsschwankung proportional sei, formulierte er als allgemeines Erregungsgesetz. Es hat allerdings nur eingeschränkte Bedeutung und gilt nicht für alle Strukturen. Seine Schüler und elektrophysiologischen Nachfolger mußten derartige Reizgesetze spezifizieren, komplizieren und wiederholt revidieren. 1849 wies er nach, daß sich die Erregung eines in seinem Verlauf gereizten Nerven in beiden Richtungen ausbreitet, sie also dann von einem motorischen Nerven nicht nur in Richtung zum Muskel, sondern auch rückläufig zum Zentralnervensystem hin geleitet wird.

Aber du Bois hat auch das Verhalten des Nerven während der nicht erregend wirkenden konstanten Durchströmung mit Gleichstrom untersucht und, je nach der Stromrichtung, eine Vergrößerung oder Abschwächung des „Nervenstroms“ festgestellt, auch wenn er beiderseits über die durchflossene Strecke hinaus gemessen wurde. Seine Bezeichnung „Elektrotonus“ für Erscheinungen bei Gleichstromdurchgang hat sich bis heute erhalten, was weder dem „Muskelstrom“ noch der „negativen Schwankung“ beschieden war.

Ein- und Ausschalten eines Gleichstroms hat eine blitzartig ablaufende einzelne Zuckung des durchflossenen Muskels zur Folge. Die als Meßgeräte verwendeten Multiplikatoren reagierten zu träge, um die der Zuckung unmittelbar vorausgehende Potentialänderung anzuzeigen. Wir wissen heute, daß während dieses Aktionspotentials sich die Polung gegenüber dem Ruhepotential für etwa eine Millisekunde umkehrt: In dieser kurzen Zeit ist die Membran außen negativ gegenüber dem Zellinneren. Und doch hatte schon Matteucci bei der Muskelkontraktion ein Verschwinden des Stroms und du Bois im gleichen Jahr 1842 eine merkliche Intensitätsabnahme konstatiert. Ja schließlich sprach er sogar von einer „negativen Schwankung“:

Im Augenblick, wo man das Rad zu drehen beginnt, und der Muskel sich im Tetanus zusammenballt, schlägt die Nadel durch den Nullpunkt durch, und es erfolgt ein Ausschlag derselben in den negativen Quadranten, der sich bis über 50° erstrecken kann. Sie schwingt dann, während man zu drehen fortfährt, um eine in dem negativen Quadranten befindliche Gleichgewichtsstellung hin und her, aber bei der Langsamkeit ihrer Bewegungen hat sie niemals Zeit, zur Ruhe zu kommen, ehe der Tetanus des Muskels erlahmt ist. Sie stellt sich daher schließlich wieder in den positiven Quadranten ein. [3]

Wie war das möglich? Nun, das erwähnte Rad schloß und öffnete bei seiner Umdrehung einen Gleichstromkreis in schneller Folge. Jedes Ein- und Ausschalten aber wirkt als Reiz. Das Ergebnis einer derart frequenten Reizung ist eine dauernde Kontraktion des Muskels, ein sogenannter Tetanus. Genauso wie die Willkürkontraktion wird er von einer über den motorischen Nerven eintreffenden Folge von Erregungen aufrechterhalten. Das hat auch du Bois-Reymond schon angenommen. Durch die Aufeinanderfolge der Aktionspotentiale bzw. Aktionsströme entsteht eine Art Wechselstrom, dessen Mittelwert du Bois gemessen hat. Bei einer sauberen monopolaren Ableitung würde dieser Mittelwert aber nur einer Abschwächung des „Muskelstroms“ entsprechen, wie sie schon 1842 und auch später oft von du Bois gemessen wurde, nicht aber einer Potentialumkehr. So suggestiv und modern die Bezeichnung „negative Schwankung“ klingt, ist die Potentialumkehr vielleicht durch die bipolare Ableitung, mehr noch durch einen impulsbedingten überschießenden Ausschlag der Magnetnadel zu erklären. Anders bliebe auch der Satz unverständlich: „Sie stellt sich daher schließlich wieder in den positiven Quadranten ein.“ Auch du Bois war sich nicht ganz sicher,

ob nämlich blos Abnahme des Stromes, immerhin bis zur Abscissenaxe, stattfinde ... oder ob wirkliche Umkehr desselben. [3]

Daß die erregte Stelle sich tatsächlich außen negativ gegen innen verhält, haben erst 1939 Alan Lloyd Hodgkin und Andrew Fielding Huxley entdeckt, die dafür 1963 den Nobelpreis erhielten. Richtig bemerkte du Bois, daß die „negative Schwankung“ der Muskelkontraktion zeitlich vorausgeht.

Die Schwankung des Muskelstromes bei der Zusammenziehung ist die erste der Bewegungserscheinungen derselben. [3]

Danach erscheint seine Kapitelüberschrift „Von dem Einflusse der Zusammenziehung auf den Muskelstrom“ etwas unglücklich formuliert, weil sie die Folge zur Ursache zu machen scheint. Gemeint ist die Stromänderung in Verbindung mit der Muskelkontraktion.

Zur Deutung der „negativen Schwankung“ müßte du Bois seine Molekularmagneten weiter komplizieren. Statt der Kugel, die an den Polen negativ, am Äquator positiv geladen sein sollte, wurden nun jeweils zwei mit gleichnamiger Ladung Pol an Pol liegende peripolare Dipole angenommen. Bei der Nervenerregung sollten sie sich mit ihren negativen Polen zur Seite drehen und dadurch den Ruhestrom vermindern bzw. umkehren.

An Stelle der rotierenden Zahnräder erfand und verwendete unser Forscher auf der Grundlage des Neeffschen Magnetelektromotors (1839) das Schlitteninduktorium (Abb. 6) zur frequenten Unterbrechung bzw. Umkehr des Reizstroms (1846). Von einer stromdurchflossenen Primärspule wird bei Schließen und Öffnen des Stromkreises ein Strom in einer Sekundärspule induziert, dessen Särke proportional der Geschwindigkeit der Stromstärkeänderung in der Primärspule ist. Eine Regulierung der Strom-

6 Schlitteninduktorium (In: Cyon, E: Atlas ... Gießen 1876. Tafel XXXIX, Abb. 3.)

stärke ist durch eine Änderung des Spulenabstandes möglich, wozu die Primärspule längs einer Schlittenführung verschoben wird; das ist die Neuerung, die du Bois einführte. Eine frequente Unterbrechung des Primärstromes durch einen Wagnerschen Hammer erzeugt in der Sekundärspule einen asymmetrisch wechselnden Strom. Obwohl Form, Stärke und Effektivwert dieser Ströme schlecht definiert und von Gerät zu Gerät unterschiedlich sind, wurde das Schlitteninduktorium lange Zeit bei Experimenten verwendet und ist noch vielen unserer Ärzte aus dem physiologischen Studentenpraktikum vertraut.

Wie oben erwähnt, hat du Bois auch elektrophysiologische Versuche am Menschen unter prominenter Beteiligung durchgeführt. Trotz unermüdlicher Wiederholungen ließ sich kein Strom bei Muskelruhe ableiten, was nach unserer heutigen Kenntnis ohne Eindringen in den Muskel auch nicht möglich ist. Zwar wird der normale Tonus der Muskulatur durch einzelne Erregungen aufrechterhalten, die jeweils durch ein Aktionspotential begleitet sind, doch folgen sie viel zu selten aufeinander, um das träge Meßgerät auszulenken. Kontrahierten die Versuchspersonen aber willkürlich ihre Armmuskulatur, so schlug das Galvanometer aus. Du Bois war überzeugt, daß es sich dabei um seine „negative Schwankung“ handele. Pariser Akademiemitgliedern gelang es nicht, diese Ergebnisse zu reproduzieren. Sie stempelten den leicht zu beleidigenden du Bois zum entdeckungshungrigen Anfänger, der sich eines überempfindlichen Galvanometers bediente. Auch als du Bois 1850 die Versuche der französischen Untersuchungskommission vorführte, war sie nicht von dem muskulären Ursprung der Stromschwankungen zu überzeugen. Tatsächlich ist anzunehmen, daß es sich bei den nachgewiesenen Strömen um Artefakte gehandelt hat, sei es mechanischen Ursprungs bei den Muskelspannungen, sei es, daß sie der Haut entstammten.

An der ungünstigen Aufnahme der Beeinflußbarkeit des Galvanometers durch die willkürliche Muskelkontraktion des Menschen, die zunächst wie die Behauptung eines Kommandierens der Magnetnadel durch bloße Gedankenkraft interpretiert wurde, gab du Bois dem großherzigen Förderer Alexander von Humboldt die Schuld. Dieser hatte schon 1849 in Paris darüber berichtet, dann aber, verärgert durch die Fehlinterpretation und den Widerstand der Akademie und auf die Vorhaltungen des Berliner Physiologen, seinen Einfluß mit einem Eifer geltend gemacht, dessen Nutzen sicher die eventuellen Nachteile anfänglicher Vorteiligkeit weit überwog. Ungeachtet dieser zeitweiligen Verstimmung hat du Bois den großen Kosmographen und Wissenschaftspolitiker äußerst hoch geschätzt:

Jeder strebsame Gelehrte ... ist Humboldts Sohn; wir alle sind seine Familie. – Er ist unser aller und des Geschlechtes vor uns guter Engel schon immer gewesen, und wie einzig steht er da, wenn man dazu nimmt, daß er seit 20 Jahren den Hofmiasmen, die das Herz verhärten, unangefochten die Stirne bietet. – Was er war, wird man erst empfinden, wenn seine liebreiche, mächtige Hand nicht mehr zu unserem Besten walten wird.[17]

Rückblickend bezeichnete er ihn 1883 als seinerzeit „aller deutschen Gelehrten irdische Vorsehung". [7, Bd. II, S. 275]
Auch Humboldt war dem fast 50 Jahre jüngeren, aus ihm bekannter Familie stammenden und mit größerem Erfolg als alle vor ihm sich dem alten Lieblingsthema der tierischen Elektrizität

7 Titelvignette zum 2. Band der „Untersuchungen über tierische Elektrizität", von du Bois selbst gezeichnet. Sie illustriert den Satz in J. Müllers Handbuch der Physiologie [45, I 65] „die Zitteraale vermögen ... selbst Pferde zu bekämpfen und zu schwächen, was A. v. Humboldt so schön in seinen Ansichten der Natur beschrieben hat" (In: [3] Bd. I, Tafel III, Fig. 24.)

widmenden Forscher freundschaftlich gewogen und spricht von ihm als dem „vortrefflichen“ und dem „teuren Freund“. [54] Neben den häufigen persönlichen Begegnungen kam es zu einem Briefwechsel, dessen 82 uns erhaltenen Briefe von Anteilnahme und Förderung zeugen. [34, 54, 55] Humboldt wandte sich aber auch oft mit der Bitte um Zuarbeit, um Information über neue wissenschaftliche Ergebnisse und um Stellungnahme zu wissenschaftlichen Neuerscheinungen an den jüngeren Freund.

Zuletzt seien noch die Untersuchungen von du Bois-Reymond an elektrischen Fischen erwähnt. Diese wehrhaften Tiere waren schon seit langem bekannt, und die Doktorarbeit [2] unseres Forschers stellte, wie gesagt, die früheren Mitteilungen zu diesem Gegenstand zusammen. Alexander von Humboldt und Johannes Müller hatten sich ebenfalls mit Bau und Funktion dieser Fische und ihrer elektrischen Organe beschäftigt. Keiner zweifelte mehr an der elektrischen Natur der heftigen Schläge, die sie bei Berührung austeilen konnten. Die Ähnlichkeit des Aufbaus ihrer stromerzeugenden Organe mit Voltaschen Säulen war auffällig. Genauer gesagt, sah Volta die Ähnlichkeit seiner Anordnung mit dem Organ der elektrischen Fische, das ihn vermutlich bei der Konstruktion angeregt hatte – ein früher Fall von Bionik:

> Diesen Apparat, der in der Art, wie ich ihn konstruiert habe, sowie in seiner Gestalt mehr Ähnlichkeit mit dem natürlichen elektrischen Organ des Zitterrochens und des Zitteraals besitzt als mit der Leydener Flasche und den bekannten elektrischen Batterien, möchte ich ein künstliches elektrisches Organ nennen. [14]

Gerade diese auffällige Anordnung des Organs veranlaßte Müller zur Warnung davor, dem Nerven Elektrizitätsproduktion zuzuschreiben:

> Denn nur da findet bei Tieren eine electrische Wirkung statt, wo besondere Organe dafür vorhanden sind; wäre aber Electricität das Agens des Nervens, so brauchte es bei den Fischen keiner besonderen thierisch-galvanischen Apparate, sondern bloßer Conductoren. [45]

Heute wissen wir, daß ein Aktionspotential der Nervenfaser in der Größenordnung von 0,1 Volt liegt, der Zitterrochen aber Spannungen bis zu 80 V, der Zitterwels 350 V und der Zitteraal bis zu 800 V erzeugt. Dazu eben ist die Hintereinanderschaltung tausender umgewandelter Muskelelemente erforderlich, die beim Zitteraal 35% des Körpergewichts ausmachen. Durch die resultierenden starken Ströme wurde es möglich, einen „Froschwecker" als Indikator für die Entladungen zu verwenden: einen Froschschenkel, der bei Reizung einen Klöppel an eine Glocke schlug. Du Bois, der erstmalig 1857 mit Zitterwelsen und 1881 mit Zitterrochen arbeitete, widmete den elektrischen Fischen die letzten 130 Seiten seiner „Untersuchungen" und eine Reihe gesonderter Artikel. Diese Thematik hat ihn auch noch in den letzten Lebensjahren beschäftigt, nachdem er seine Experimente an Nerv und Muskel abgeschlossen hatte. Auch auf diesem Arbeitsgebiet finden sich weniger umwälzende Neuentdeckungen als eine Fülle minutiös variierter Einzeluntersuchungen. Aber nur durch fleißiges Sammeln und detailliertes Beschreiben sorgfältig durchgeführter Versuche konnte das theoretische Gebäude der heutigen Elektrophysiologie entstehen, deren Gesetzmäßigkeiten eine Fülle von Einzelheiten erklären, die früher zusammenhanglos und oft widersprüchlich nebeneinander standen.

Die neue Physiologie

Die intensive experimentelle Tätigkeit des jungen du Bois-Reymond auf dem damals verhältnismäßig engen Gebiet der Elektrophysiologie, die oft alle Kraft zu binden schien, wurde ergänzt durch eine in ihrer Form ganz andersartige Aktivität von desto weiterreichender Ausstrahlung. Beide aber standen in engem innerem Zusammenhang. Beide Tätigkeiten waren der neuen kausalanalytischen, sich ausschließlich auf Physik und Chemie aufbauenden Physiologie gewidmet. Die zurückgezogene experimentelle Forschung im Alleingang verwirklichte die neuen Vorstellungen auf einem umschriebenen Arbeitsgebiet, aber daneben trat ein kollektives, gleichsam propagandistisches Mühen um den Aufbau des neukonzipierten Faches.

Während die Physiologie bisher mehr eine Art Anhang an die Anatomie gebildet hatte, eine gleichsam belebte Anatomie gewesen war, die eine ausführliche Beschreibung des Baus der Organe durch einige Bemerkungen über ihre mehr oder weniger mutmaßliche Funktion ergänzt und die sich in ihrer Methodik überwiegend der Beschreibung, der Beobachtung und scharfsinnigen Kombination bedient hatte, stellte sich die neue Physiologie die Aufgabe, die Organfunktionen mit physikalischen (und chemischen) Methoden zu untersuchen und sie restlos auf physikalische und chemische Ursachen und Gesetzmäßigkeiten zurückzuführen, wie sie im Prinzip auch in der unbelebten Natur vorkommen. Kein Platz sollte für ungeklärte Vermutungen, Deutungen, Unterstellungen vorgegebener Zweckmäßigkeiten bleiben, ganz und gar nicht aber für eine irgendwie organisierte Lebenskraft. Dadurch stellte sich Emil du Bois-Reymond in Gegensatz zu seinem Lehrer und Förderer Johannes Müller. Dem Experiment wurde gegenüber der Beschreibung der absolute Vorrang eingeräumt. In den Dienst des Experiments wurden die neuesten Apparaturen gestellt, wie sie Technik und Physik im Zuge der industriellen Revolution entwickelten. Zur Interpretation der Versuchsergebnisse zog man die neuesten Ergebnisse der Physik und Chemie heran. Andererseits wurden sowohl die Methoden wie die Kenntnisse der Physik von der Physiologie befruchtet, die sich eigentlich als Biophysik verstand. Gerade bei du Bois-Reymond und seinem Freund Helmholtz wird diese enge Verbindung zur Physik und Technik deutlich.

Gewiß hat es Vorläufer der neuen Physiologie gegeben, die auf Einzelgebieten experimentierten, die physikalische Methoden bei der Untersuchung der Lebenserscheinungen anwandten und die zu physikalischen Interpretationen kamen, doch muß man sich davor hüten, über dem beliebten Konstruieren von Vorläuferketten und Einzelabhängigkeiten den nahezu revolutionären Sprung in der Entwicklung zu übersehen. Es waren tatsächlich nur zwei Punkte, an denen dieser Neubeginn sich vollzog: bei den jungen Berliner Physiologen um Emil du Bois-Reymond und bei Karl Ludwig, der zunächst isoliert arbeitete, mit den Berliner Freunden fast nur brieflich verbunden war, aber dann ähnlich wie du Bois einen großen Schülerkreis um sich sammelte.

Es läßt sich sogar angeben, wer du Bois unmittelbar zu der antivitalistischen, allein auf Physik und Chemie gegründeten Physiologie anregte. Für diesen Mann blieb das Programm mehr eine Forderung und ein Wunsch, dessen Realisierung dann die jungen Physiologen einleiteten. Und sein Appell gab nur den Anstoß, die Möglichkeiten und Forderungen der Zeit in die Tat umzusetzen und die physikalisch-technischen Vorkenntnisse unseres Forschers in den Dienst dieser Entwicklung zu stellen. Am 9. August 1841, und damit ist der Beginn fast auf den Tag genau festzulegen, schrieb du Bois an Hallmann über einen fortgesetzten intensiven wissenschaftlichen Meinungsstreit mit Müllers Schüler (und späteren Nachfolger auf seinem anatomischen Lehrstuhl) Karl Bogislaus Reichert:

> Er geht von der Ansicht aus, wir können nicht alles erklären, d. h. auf ein letztes sich von selbst verstehendes als Ursache zurückführen; und darum verzage er daran, was noch reduktil ist wenigstens, und zwar soweit als möglich zu reduciren. [16]

Er, du Bois, dagegen schließe sich der Ansicht des französischen Physiologen René Joachim Henri Dutrochet an, daß die Lebensphänomene ihrem Wesen nach nicht von den physikalischen Phänomenen unterschieden seien und die Physiologie am besten vorankäme, wenn sie diese Überzeugung zugrunde lege.

Als ich nun vollends durch Müller wieder ins Gebiet der Physik zurückgeführt ward, klaffte die Wunde groß auf und ich lag mir mit Reichert in den Haaren ohne Ende und ohne Sieg. [16]

Als Mitstreiter unter den Medizinern wurden nur der ein Jahr jüngere Ernst Brücke und der drei Jahre jüngere Hermann Helmholtz gewonnen, so daß du Bois 1847 an Hallmann schreiben muß:

In der Physiologie ist es beispiellos still. Man sieht wohl, daß die Richtung erschöpft ist, und daß neue Hefe hinein muß, wenn die Atome nicht aufhören sollen zu wackeln. Leider bemerken wir, Brücke, Helmholtz und ich, keinen jungen Nachwuchs um uns her. [16[

Dabei war Berlin nicht etwa eine negative Ausnahme, sondern im Gegenteil mit den drei Freunden eine positive. Ludwig beneidete sie um ihre Gemeinsamkeit und schrieb, als Brücke Berlin 1848 verließ:

Mir ist nie ein solches Glück geworden; ich bin eine einsame Pflanze gewesen, die nur unter Unkraut aufgewachsen ist; und mehr, es ist auch eine solche heimliche, mit soviel Mitteln ausgerüstete Freundschaft nur in einem so reichen Terrain wie Berlin möglich, wo zwei Menschen durch ihre vielen anderen Berührungen täglich neu werden und dann beim engsten Gang aneinander sich doch nicht abschleifen. [17]

Das Bekenntnis zu einer ausschließlich mathematisch, physikalisch und chemisch fundierten Physiologie hatte, wie du Bois berichtet, geradezu die Form eines Gelübdes, ja einer Verschwörung mit Brücke angenommen. Von den Freunden hat ihm dieser durch seine Verbundenheit von Jugend an menschlich am nächsten gestanden. An Ludwig schrieb er im April 1848, bevor Helmholtz aus Potsdam nach Berlin kam:

Denn wenn auch Helmholtz herüberkäme, der in wissenschaftlicher Beziehung mir wohl Brücke zu ersetzen imstande wäre, so fehlt die geschichtliche Grundlage des langen gemeinschaftlichen Daseins und Wirkens. [17]

Und nach der Übersiedlung des jüngeren Freundes teilt er im Januar 1849 Hallmann mit:

Für Brücke hab' ich jetzt Helmholtz hier, ... Helmholtz ersetzt mir nun wohl Brücke in wissenschaftlichem Bezug ja überreichlich, denn seine Begabung ist wahrhaft grenzenlos und seine Kenntnisse haben schwerlich ihres Gleichen, allein er ist nicht wie Brücke, der tief und reich durchlebte Mensch, oder vielleicht auch nur, ich bin nicht mit ihm, wie mit Dir und Brücke, jung gewesen. [16]

Die Vermittlung der Gehilfenstelle in Müllers Anatomischem Museum erst an Brücke und dann an Helmholtz ist allerdings nicht nur als Zurückstellen eigener Interessen zu sehen. Als bezahlter Assistent hätte du Bois viel Zeit seinen Versuchen entziehen, dem Lehrbetrieb, dem „Kampf gegen die Dummheit" (Ludwig) und Müllers morphologischen und zoologisch-systematischen Interessen opfern müssen, um – mit seinen Worten – „fossiles Geschmeiß zu bestimmen" [17], oder, wie Ludwig scherzhaft schrieb:

Signalements und Steckbriefe der unglücklichen Objekte zu entwerfen, welche die unersättliche Habgier Müller's einkerkert. [17]

Erst jetzt, 1849, als sein Vater pensioniert wurde, erkannte du Bois seinen Verzicht auf die Anstellung leicht bedauernd als Großmut seinen Freunden gegenüber. Und als schon wenige Monate später auch Helmholtz Berlin verließ, nahm er notgedrungen die Gelegenheit wahr, selbst die Stelle einzunehmen. Ja, er übernahm überdies (bis 1853) auch von Helmhotz die Stelle als Anatomielehrer an der Berliner Kunstakademie, die dieser nur 1848/49 innegehabt hatte. Beide Physiologen und Physiker kann man sich heute nicht so recht auf diesem Posten vorstellen, doch war die wissenschaftliche Spezialisierung und Arbeitsteilung damals noch nicht so weit fortgeschritten, wenigstens soweit es die Zuständigkeit der Lehrämter betraf. Allerdings mußte auch du Bois sich angestrengt wie auf ein Examen vorbereiten, um in einer Probevorlesung mit seinen aufgefrischten Anatomiekenntnissen einen Mitbewerber ausstechen zu können.

Ostern 1848 folgte Brücke, der sich schon 1844 habilitiert hatte, einem Ruf als außerordentlicher Professor der Physiologie und der Allgemeinen Pathologie nach Königsberg (heute Kaliningrad), um von dort bereits 1849 als ordentlicher Professor an die Wiener Universität zu gehen. Sein Nachfolger in Königsberg wurde Helmholtz, der bis 1855 dort blieb.

Du Bois, der sich 1846 habilitiert hatte und eine deutsche sowie eine lateinische Probevorlesung halten mußte, blieb als Privatdozent unter Müller in Berlin, begann aber erst 1854 mit eigenen Vorlesungen und wurde 1855 außerordentlicher Professor. Erst jetzt gab er die Gehilfenstelle am Museum auf. Nach Müllers Tode 1858 wurde dessen Lehrstuhl geteilt, und du Bois übernahm das Ordinariat für Physiologie. So gute Beziehungen er also zu einflußreichen Persönlichkeiten gehabt hat und so stolz er auf sein Geschick war, diese Bekanntschaften zu nutzen, kann man ihm nicht nachsagen, er habe sie im Interesse seiner Karriere mißbraucht. Die experimentelle Arbeit und die wissenschaftliche Erneuerung seines Faches haben ohne Zweifel im Vordergrund seines Interesses gestanden und ihn die Übernahme eines Amtes mit seinen Lehraufgaben, administrativen und repräsentativen Verpflichtungen eher hinausschieben lassen. Seine Überzeugung, in vorderster Linie beim Aufbau einer eigentlich wissenschaftlichen Physiologie zu stehen, bedurfte nicht der formalen Bestätigung durch eine Berufung, deren Zustandekommen im Tauziehen zwischen Ministerien und Universitäten er kannte und durchschaute.

Brücke und Helmholtz blieben auch nach dem Fortgang von Berlin mit du Bois in Freundschaft und Zielstellung verbunden, so daß hier ihre wissenschaftlichen Leistungen gewürdigt werden sollen.

Ernst Brücke zeichnete sich als Forscher durch große Vielseitigkeit aus. Man hat ihm sogar nachgesagt, er greife lieber Fragen auf und wende sich nach den ersten orientierenden Versuchen, die ihm eine Meinungsbildung erlauben, anderen Themen zu, ohne die Ergebnisse bis zur einwandfreien Sicherung zu wiederholen. Ein bekanntes Beispiel vorzeitigen Aufhörens ist seine Entdeckung des Augenleuchtens, die er in Königsberg machte. Er brachte die Pupille von Tieren zum Aufleuchten, indem er sie durch eine schräggehaltene spiegelnde Glasscheibe betrachtete. Voraussetzung dafür ist der so ermöglichte Lichteinfall aus der Richtung des betrachtenden Auges, da auf Grund der Umkehrbarkeit der Strahlenwege das Licht vom Auge in die Einfallsrichtung reflektiert wird. Mit dieser Entdeckung hatte es für Brücke sein Bewenden. Helmholtz aber, ebenfalls in Königsberg, baute diesen Grundversuch seines Freundes, den er Studenten in der Vorlesung demonstrieren wollte, zur Entdeckung des Augenspiegels aus: Er betrachtete durch die das Licht hineinspiegelnde Glasplatte den aufgehellten Augenhintergrund. Das war keine Zufallsentdeckung, bei der man nur ordentlich hinzusehen brauchte. Helmholtz unterzog sich vielmehr der langen Übung, die notwendig ist, um mit diesem einfachen Instrument etwas zu sehen, nur auf Grund physikalischer Überlegungen in der Überzeugung, daß er schließlich die Netzhaut sehen müsse.

In Wien bevorzugt Brücke die Verdauungsphysiologie, auch in chemischer Hinsicht. Er betrieb angewandte Grenzgebiete der Physiologie und überschritt ihre Grenzen zur Phonetik, zur Sprachwissenschaft, zur Kunstwissenschaft und zur Hygiene des Kindesalters. Hochgeehrt, geadelt und zum Ritter geschlagen, beendete er sein Leben in Wien, wo er 40 Jahre lang, bis 1890, die Physiologie vertreten und eine große Schule gebildet hat.

Helmhotz löste zwar Brücke bei Müller und im engen freundschaftlichen Verkehr bei du Bois ab, hatte aber schon seit Jahren mit beiden in Verbindung gestanden. Als Absolvent der militärmedizinischen Akademie, die dem geschwisterreichen Lehrerssohn das Studium ermöglicht hatte, war er zunächst Militärarzt in Potsdam, aber Schüler von Müller und fleißiger Experimentator. Er verfügte über eine glänzende und für damalige Gymnasialabsolventen ganz ungewöhnliche, selbst angeeignete mathematische Bildung und war eben – Helmholtz. Du Bois charakterisiert ihn 1845, als die Kontakte enger wurden, Hallmann gegenüber:

> Dies ist ... zu Brücke und meiner Wenigkeit der dritte organische Physiker im Bunde. Ein Kerl, der Chemie, Physik, Mathematik mit Löffeln gefressen hat, ganz auf unserm Standpunkt der Weltanschauung steht, und reich an Gedanken und neuen Vorstellungsweisen. [16]

Helmholtz hatte einen genialen Blick für das Erforderliche und das Ergiebige unter dem Möglichen. Was er anfaßte, versprach einem Manne wie ihm zu gelingen und war von entscheidender Bedeutung für den Fortschritt der Wissenschaft.

Nachdem er in seiner Doktorarbeit 1842 bei wirbellosen Tieren den Nachweis erbracht hatte, daß die Nervenfasern in Zusammenhang mit den „Nervenkugeln" (Ganglienzellen) stehen, widerlegte er in Bestätigung der Ergebnisse Schwanns die Meinung von Justus Liebig, daß Fäulnis und Gärung eine rein chemische und keine mikrobiologische Ursache hätten (1843). Die folgenden Arbeiten der Potsdamer und Berliner Zeit über den Stoffverbrauch (1845) und über die Wärmebildung bei Muskelactionen (1848) standen im Dienste des Energieprinzips. Ohne Wissen von Helmholtz hatte der Heilbronner Arzt Robert Mayer das Gesetz von der Erhaltung der Energie schon 1842 publiziert, früher, intuitiver und genialer als der junge Berliner Arzt. Dieser fußte auf der Kenntnis anderer Vorarbeiten und zog die Konsequenzen aus ihnen, mathematisch fundiert und exakt (1847). Und trotzdem waren die Physiker nicht reif, diese Entdeckung zu begrüßen, in ihrer umfassenden Bedeutung zu erkennen und als auf der Hand liegend zu übernehmen. Im Gegenteil hielten sie die Abhandlung für eine phantastische Spekulation nach Art Hegels. Hatte sich doch die Naturwissenschaft gerade von der Naturphilosophie befreit. Sie schätzte nur enge Empirie, und jeder Anspruch auf Allgemeingültigkeit war ihr verdächtig. Helmholtz erinnerte sich bei seiner Tischrede anläßlich seines 70. Geburtstages:

> Dagegen fand ich enthusiastischen Beifall und praktische Hilfe bei meinen jüngeren Freunden, namentlich bei Emil du Bois-Reymond. Diese zogen dann auch bald die Mitglieder der jüngsten physikalischen Gesellschaft von Berlin auf meine Seite herüber. Von Joule's Arbeiten über dasselbe Thema wußte ich damals nur wenig, von R. Mayers noch nichts. [27]

Die „Constanz der Kraft", so der Titel der Abhandlung, war tatsächlich für die jungen Berliner Physiologen wie später für die ganze Naturwissenschaft das fundamentale Prinzip. Nun war kein Platz mehr für irgendwelche unbilanzierten Lebensenergien. Sie konnten nicht aus sich heraus vorher nirgens vorhanden gewesene Energie erzeugen und hinzufügen. Denn war die Gültigkeit des Energiesatzes auch noch nicht quantitativ experimentell für die Lebensvorgänge nachgewiesen, so konnte er für das Naturganze, für den energetischen Gesamthaushalt nur gelten, wenn er auch für die Organismen galt. Und der Mediziner Helmholtz hat bei seiner Arbeit gerade die physiologische Seite der Energiebilanz im Auge gehabt. Die Widerlegung der Lebenskraft auf diesem quantitativen Weg war sein eigentliches Ziel.

Es wird oft übersehen, daß Helmholtz, der uns als führender Physiker und gleichsam Vollender der klassischen Physik bekannt ist, 22 Jahre die Physiologie als Hochschullehrer vertreten hat. 1849 ging er nach Königsberg, 1855 nach Bonn und 1858 nach Heidelberg. In diesen Jahren entstanden die grundlegenden und umfassenden sinnesphysiologischen Standardwerke „Die Lehre von den Tonempfindungen als Grundlage für die Theorie der Musik" (1862) und das „Handbuch der physiologischen Optik" (1856–1866).

Im Laufe der Jahre hatte sich Helmholtz immer stärker physikalischen Fragen zugewendet. Dennoch war es etwas Einmaliges, als der Physiologe 1871 als Nachfolger von Heinrich Gustav Mag-

nus auf den Berliner Lehrstuhl für Physik berufen wurde. Ursprünglich hatte die Berliner Fakultät Gustav Robert Kirchhoff den Vorzug gegeben, weil er als Forscher und Lehrer der Physik erfahren und bewährt war. Du Bois, damals gerade Rektor der Berliner Universität, fuhr nach Heidelberg, um die Berufungsverhandlungen zu führen. Er lud Kirchhoff und Helmholtz zum Diner in einem Hotel ein. Als Kirchhoff zögerte, Heidelberg zu verlassen, zeigte du Bois Verständnis für dessen Vorbehalte und überredete Helmholtz in einer schwungvollen Rede, an Kirchhoffs Stelle zu kommen. Noch während des Diners erhielt er vom Berliner Ministerium telegrafisch die Zustimmung, die Verhandlungen entsprechend führen zu können. [37] Daß Helmholtz nach Berlin kam, ist also sicher großenteils der alten Freundschaft, den persönlichen Interessen und dem rhetorischen Geschick von Emil du Bois-Reymond zu verdanken. Nun waren beide nach 22 Jahren der Trennung für die letzten 22 Jahre wieder gemeinsam in Berlin. Inzwischen war es die Hauptstadt des deutschen Kaiserreiches. War die Verbindung auch nicht mehr so alltäglich eng wie in den Jahren um die Revolution, so bestanden doch ihre fachlichen Berührungen weiter. Die Physiologie blieb weiterhin angewandte Physik. Du Bois war jetzt Vorsitzender der Physikalischen Gesellschaft. Die alten Freunde erbauten gemeinsam ihre Institute und waren nach 1878 Institutsnachbarn, bis der 1882 geadelte von Helmholtz 1887 Präsident der neugegründeten Physikalisch-Technischen Reichsanstalt wurde.
Obwohl Karl Ludwig im Unterschied zu Helmholtz und Brücke niemals in Berlin tätig war, machen auch für ihn die lebenslange Freundschaft mit du Bois und die gemeinsame Aufgabe eine kurze Charakteristik erforderlich. Wo du Bois seine Bekanntschaft gemacht hat, ist unbekannt. 1846 schreibt ihm Brücke, daß er Ludwig auf einer Reise kennengelernt habe. Damals war dieser (seit 1842) Privatdozent in Marburg, wo er 1839 promoviert worden war. 1847 wurde er dort außerordentlicher Professor, und seit dem gleichen Jahr datiert der Briefwechsel mit du Bois-Reymond. Wie dessen Briefe an Hallmann [16] sind auch die zeitlich überlappend anschließenden an und von Ludwig [17] veröffentlicht. Beide Briefwechsel belegen Denken und Schaffen unseres Physiologen in lebendiger Weise vom ersten Berliner Semester bis zum letzten Lebensjahr. Ludwig wußte sich mit den Berliner

Freunden einig in der Zielstellung. Er hat die Physiologie nicht nur auf zahlreichen Gebieten im neuen Geiste bearbeitet, wesentliche Entdeckungen gemacht und die experimentelle Methodik grundlegend bereichert, sondern er machte mit seinem den Berliner Freunden Brücke, du Bois-Reymond und Helmholtz gewidmeten zweibändigen Lehrbuch (1852 und 1856) den ersten umfassenden Versuch, die neue Physiologie geschlossen darzustellen. Wenn das Buch noch notwendigerweise einen sehr programmatischen Charakter trägt, so war es doch gerade als ein solches Programm von hoher Bedeutung. In der Einleitung heißt es:

Die wissenschaftliche Physiologie hat die Aufgabe, die Leistungen des Thierleibes festzustellen und sie aus den elementaren Bedingungen desselben mit Nothwendigkeit herzuleiten. ... Die vorliegende Auffassung ist, wie allbekannt, nicht die hergebrachte, sie ist diejenige unter den neuern, welche man als eine besondere gegenüber der *vitalen* mit dem Namen der *physikalischen* bezeichnet. – Diese Anschauung verlangt in Übereinstimmung mit dem Causalgesetz, an das wir uns halten müssen, wenn wir überhaupt denken wollen, daß ein Ding die Ursachen seiner Wirkungen in sich enthalte, und in Übereinstimmung mit den so oft berührten Grundsätzen der Erfahrungslehren, daß man nur die mittel- oder unmittelbar nachgewiesenen Existenzen mit in das Fundament der Schlüsse aufnehme. Sie verwirft darum die Berechtigung zur Annahme hypothetischer Grundwesen, wie besondere Nerven–Lebensäther usw. usw.; sie wird sich aber niemals sträuben, einer neuen, bisher nicht bekannten Fundamentalbedingung Eingang in den Kreis der Betrachtungen zu gestatten, wenn diese als eine in Wirklichkeit bestehende erwiesen ist. – Die Vertheidigung dieser Grundsätze siehe in einer ebenso gedankenreichen als edelgeformten Betrachtung bei du Bois, thierische Electricität 1. Bd. Vorrede. [39]

Zu Recht bezeichnete du Bois den Verfasser als „Fahnenträger der Schule“.

Der Göttinger Physiologe Rudolf Wagner, der im sogenannten Materialismus-Streit gegen die Vulgärmaterialisten, vor allem gegen Karl Vogt, eine reaktionäre Position vertrat und sich 1854 auf der Göttinger Naturforscherversammlung der Diskussion mit Karl Ludwig entzogen hatte, sagte im gleichen Jahr von Ludwigs Lehrbuch, „daß dasselbe um einige Dezennien, vielleicht um einige Jahrhunderte zu früh gekommen ist“. [51] Auch das Urteil des Anatomen und Physiologen Wilhelm His zeigt, wie fremd und neuartig, abstrakt und reduziert die neue Physiologie den Ärzten und Studenten der fünfziger Jahre des vorigen Jahrhunderts erschien:

Die Neuerungen der Ludwigschen Physiologie haben uns Studierende damals sehr lebhaft beschäftigt, und sie wurden von uns für und wider verfochten. Ich selber habe in Würzburg das Buch Ludwigs nur unter beständiger innerer Opposition durchstudiert. Gegenüber der an Ideen und Tatsachen so reichen Physiologie von Joh. Müller kam mir Ludwigs angeblich geläuterte Disziplin recht mager und verarmt vor, und auch dessen Sprache und Darstellungsweise erschien mir fremdartig. Erst im Laufe der Jahre habe ich die großen methodischen und tatsächlichen Fortschritte verstehen gelernt, die wir Ludwig zu verdanken gehabt haben und die wohl ohne die anfänglichen Einseitigkeiten kaum zu so raschem Durchbruch gelangt wären. [32]

Ludwig hat das Buch in Zürich geschrieben, wo er von 1849 bis 1855 wirkte. Danach wurde er an die medizinisch-chirurgische Militärakademie nach Wien berufen und arbeitet dort 10 Jahre in enger Nachbarschaft mit seinem alten Freund Brücke. 1865 ging Ludwig als Nachfolger von Ernst Heinrich Weber nach Leipzig, eröffnete hier 1869 ein für damalige Verhältnisse großes und vorbildliches physiologisches Institut, das er bis zu seinem Tode im Jahre 1895 leitete. Dort hat er eine große Zahl von Schülern in das Denken und die Methodik der neuen Physiologie eingeführt. Fast alle späteren Physiologen Deutschlands, aber auch viele Vertreter anderer Disziplinen haben eine Zeitlang entweder bei Ludwig oder bei du Bois-Reymond gearbeitet. Die Zahl der physiologischen Helmholtz-Schüler tritt dagegen vergleichsweise zurück. Bei Ludwig haben sich zudem, ähnlich wie bei Brücke, auch viele Ausländer in der neuen Physiologie ausgebildet, um sie später in ihre Länder zu verpflanzen. Unter ihnen waren 35 Russen, [12, 13] als bekannteste Ivan Michailovič Sečenov und Ivan Petrovič Pavlov.

Mit den Freunden und Mitstreitern Brücke, Helmholtz und Ludwig hatte du Bois-Reymond die engen Beziehungen zur Physik gemein, war sie doch für die als „organische Physik" verstandene Physiologie grundlegend. Dadurch hat er die Physik selbst befruchtet und gefördert. Das Zusammenführen der beiden Disziplinen war die Voraussetzung für die Physikalisierung der Biologie in methodologischer und inhaltlicher Beziehung. Der schnelle Fortschritt dieser physikalischen Biologie und Medizin wurde, nachdem erst der Anschluß hergestellt war, durch Vorlauf der anorganischen Naturwissenschaft, ihr Bereitstehen zur Nutzung in der Biologie, zu ihrer Anwendung auf die Biologie ermöglicht.

8 Der jüngere Naturforscherverein (1845). Von links nach rechts vorn: E. Brücke, E. du Bois-Reymond, W. Beetz; hinten: G. Karsten, W. Heintz, H. Knoblauch. Daguerreotypie von Karsten, der mit der Uhr in der Hand die Belichtungszeit kontrolliert (In: [17] Abb. 2.)

Diese Übernahme und Adaption war nicht ohne Rückwirkung auf Methoden und Erkenntnis der anorganischen Wissenschaft. 1841 gründete du Bois-Reymond einen „jüngeren Naturforscher-Verein", dem neben Brücke die Physiker Wilhelm Beetz (1876 geadelt), Gustav Karsten, Karl Hermann Knoblauch und der Chemiker Wilhelm Heinrich Heintz angehörten.[1] Eine Daguerreo-

[1] Die veränderte gesellschaftliche Funktion der Naturwissenschaften, wie sie sich in Auswirkung der industriellen Revolution und in ihrer Eigenentwicklung zeigte, ließ auch immer stärker in den Kreisen der Vertreter der Fachdisziplinen die Erkenntnis reifen, daß ständige Zusammenkünfte, verbunden mit dem Austausch der neuesten Erkenntnisse und mit Vorträgen neuer Methoden, für die Entwicklung des naturwissenschaftlichen Fachgebietes sowie für die eigene Arbeit notwendig und unumgänglich geworden sind. Die auf Lorenz Okens Anregung gegründete „Deutsche Naturforscherversammlung" hat gewiß auch auf das Bemühen von du Bois als Vorbild gewirkt. (D. Goetz)

typie aus dem Jahre 1845 zeigt den Kreis um den vorn in der Mitte selbstbewußt posierenden Gründer geschart (Abb. 8). Im gleichen Jahr entstand die Physikalische Gesellschaft zu Berlin, in die der Naturforscherverein aufging:

Dem Herrn Professor G. Magnus verdankt die Gesellschaft ihre Entstehung, insofern er es war, der im Jahre 1843 einen Kreis jüngerer Physiker zur Besprechung der neueren physikalischen Untersuchungen um sich versammelte, wodurch die bis dahin vereinzelt Dastehenden mit einander bekannt, und darauf aufmerksam gemacht wurden, wie viel durch die Vereinigung zahlreicher Kräfte geleistet werden könne. Die Mehrzahl derer, welche an den Versammlungen beim Herrn Professor G. Magnus teil nahmen, vereinigte sich außerdem von Zeit zu Zeit, um die sie besonders interessierenden Untersuchungen weiter zu verhandeln, und bei diesen Vorträgen entwickelte sich nach und nach die Idee, einer öffentlichen Gesellschaft das Leben zu geben, in welcher allen denen, welche sich für die physikalischen Disciplinen interessieren, die Gelegenheit geboten würde, Kenntnisse von den Resultaten aller neueren Arbeiten auf diesem Gebiete zu erhalten, die sie wegen Mangels an Zeit sowohl, wie an litterarischen Hilfsmitteln sonst hätten entbehren müssen. [21]

Ziel der Gesellschaft war also in erster Linie Information, Demonstration von Experimenten und Erfahrungsaustausch, Nutzbarmachung der verstreuten und dem einzelnen schwer zugänglichen Ergebnisse – nicht zuletzt im Interesse des technischen und industriellen Fortschritts. Diesem Ziel diente auch das von der Gesellschaft herausgegebene und von den Mitgliedern bearbeitete Referateblatt, die „Fortschritte der Physik“, deren erster Band 1847 erschien und die Ergebnisse des Jahres 1845 behandelte. 1848 wurden immerhin 109 Fachzeitschriften berücksichtigt, darunter 77 ausländische. Im „Vorbericht“ des ersten Bandes sind die 53 Mitglieder von 1846 namentlich aufgeführt, darunter befinden sich 10 auswärtige, u. a. auch „Dr. Helmholtz in Potsdam“; 22 waren promoviert. Berufe sind nicht genannt außer bei 6 „Lieutenants“, darunter „Lieutenant Siemens“, und 6 Mechanici, darunter „Mechanicus Halske“.

Hier deutet sich eine enge Verflechtung von Physik und Technik (und Physiologie) an.[1] Werner Siemens (1888 geadelt) wurde als

[1] Sie entsprach den Interessen der sich entwickelnden Industriebourgeoisie. Die Industrie bedurfte der Wissenschaft, und ihre Vertreter bemühten sich, in die Kreise der Akademiker einzudringen. Nur so konnte sie Einfluß auf die Naturwissenschaften und deren Weiterentwicklung ausüben und eine ihrem Interesse entsprechende Wissenschaftspolitik fördern, fordern und realisieren. (D. Goetz)

Artillerieoffizier, nachdem er einige Erfindungen gemacht hatte, 1844 zur Artilleriewerkstatt in Berlin kommandiert, wo er seine Erfindungsgabe und Initiative nutzen konnte. Er war besonders um die Einführung der Telegrafie verdient und widmete sich ihr später im eigenen Betrieb. Siemens förderte durch eine Reihe wichtiger Entdeckungen und technischer Anwendungen die Elektrotechnik entscheidend. Und so wurde das Unternehmen schnell vielseitig und entwickelte sich zu einem führenden kapitalistischen Konzern mit hohem Verflechtungsgrad. Die Physikalische Gesellschaft war für Siemens nach den ersten planlosen Erfindungen und nach gescheitertem Versuch, mathematischen Universitätslesungen zu folgen, richtungweisend:

Diese unvollkommene Vorbildung für wissenschaftliche Studien hat mich zu meinem großen Schmerz überhaupt immer sehr zurückgehalten und meine Leistungen verkümmert. Um so dankbarer bin ich einigen meiner früheren Lehrer, unter denen ich die Physiker Magnus, Dove und Rieß hervorheben will, für die freundliche Aufnahme in ihren anregenden Umgangskreis. Auch den jüngeren Berliner Physikern, die mich an der Gründung der physikalischen Gesellschaft teilnehmen ließen, habe ich vieles zu danken. Es war das ein mächtig anregender Kreis von talentvollen jungen Naturforschern, die später fast ohne Ausnahme durch ihre Leistungen hochberühmt geworden sind. Ich nenne nur die Namen du Bois-Reymond, Brücke, Helmholtz, Clausius, Wiedemann, Ludwig, Beetz und Knoblauch. Der Umgang und die gemeinschaftliche Arbeit mit diesen durch Talent und ernstes Streben ausgezeichneten jungen Leuten verstärkten meine Vorliebe für wissenschaftliche Studien und erweckten in mir den Entschluß, künftig nur ernster Wissenschaft zu dienen. [57]

Er erkannte die Notwendigkeit, Wissenschaft und Technik zu verbinden, und seine besondere Begabung auf diesem Zwischenfeld.

Mit du Bois hat er im April 1850 in Paris zusammen gewohnt:

Ich habe hier du Bois getroffen und werde morgen zu ihm ziehen. Sehr angenehm und nützlich für mich, da die ganze gelehrte Welt bei du Bois verkehrt, um seine Experimente zu sehen.[40]

Unterschiedliche Aufgaben und angestrengte Tätigkeit lockerten die Beziehungen, doch trafen sich die Freunde schließlich in der Preußischen Akademie der Wissenschaften wieder. Du Bois antwortete als amtierender Sekretar der Physikalisch-Mathematischen Klasse am 2. Juli 1874 auf die Antrittsreden der beiden neu aufgenommenen Mitglieder Werner Siemens und Rudolf Virchow und schloß seine Worte an Siemens mit dem Satz:

Mir aber, der ich Deinen Wert früh erkannte und seit dreißig Jahren Dir durch eine Freundschaft verbunden bin, die ich zu den größten Segnungen meines Lebens rechne; mir konnte als Sprecher dieser Körperschaft Erfreulicheres nicht begegnen, als Dich in deren Namen heut in unserer Mitte willkommen zu heißen. [7, Bd. II, S. 585]

Die enge Verbindung zwischen Industriebourgeoisie und Wissenschaft wird durch die Gründung der Physikalisch-Technischen Reichsanstalt (1888) deutlich, der Helmholtz als Präsident vorstand. Sie wurde von Siemens mit 500 000 Mark entscheidend finanziert. Die Gründung einer Anstalt für Präzisionsmechanik war übrigens schon 1872 dem Preußischen Kultusministerium vorgeschlagen worden; unter den fünf Antragstellern waren du Bois-Reymond und Helmholtz.

Bei dem Mechaniker Johann Georg Halske hatte du Bois Anfang der vierziger Jahre Fertigkeiten und Einsichten erworben, um selbst einfachere Apparate bauen zu können. Er erkannte dessen konstruktives Talent und seinen „sicheren Spürsinn" für wissenschaftliche Aufgaben, konstruierte seine Geräte mit ihm zusammen und vermittelte ihn an andere Experimentatoren wie E. Mitscherlich und sogar J. Müller. 1844 wurde Halske Teilhaber der Werkstatt für chemische Apparate Böttcher und Halske. Am 31. 12. 1846 stellte du Bois ihn Siemens vor. Beide waren zwar Mitglieder der physikalischen Gesellschaft, ohne jedoch miteinander bekannt geworden zu sein. Siemens führte Halske seine Ideen zur Telegraphie vor,

mit einfachsten Hilfsmitteln – Zigarrenkiste, Weißblech, einige Eisenstückchen und etwas isolierter Kupferdraht gehörten dazu, [40]

und gewann ihn 1847 dazu, die Telegraphenbauanstalt zu begründen, in die Siemens offiziell erst 1849 nach seinem Ausscheiden aus dem Militärdienst eintreten konnte und deren Teilhaber Halske bis 1867 blieb. Dort ließ du Bois vorwiegend seine elektrischen Geräte bauen und vermittelte dorthin Bestellungen auswärtiger Physiologen. 1849 klagte er Ludwig gegenüber, der einen Multiplikator bestellen wollte:

Leider ist jetzt in Berlin eine große Not mit den Mechanikern, da Halske durch die Telegraphie völlig in Anspruch genommen ist und sich noch keiner gefunden hat, der imstande wäre, ihn zu ersetzen.[17]

Alle Mitglieder des „Jüngeren Naturforschervereins" finden sich unter den Mitgliedern der Physikalischen Gesellschaft. War er auch nicht die Keimzelle, wie es manchmal heißt, so doch neben dem Kolloquium bei Magnus und sicher über dieses ein wichtiger und initiativreicher Zufluß.

Im Dezember 1845 berichtete du Bois an Hallmann, die Physikalische Gesellschaft „ist sehr auf dem Strumpf" und im März 1846:

> Die physikalische Gesellschaft ist jetzt mein eigentliches Lebenselement, grünt und blüht. Keine Sitzung unter 30 Mitgliedern und stets brillante Experimente. [16]

47 Jahre bis zu seinem Tode 1896 war der Physiologe Emil du Bois-Reymond Vorsitzender der Physikalischen Gesellschaft.

Es erscheint erstaunlich, daß du Bois, so aktiv er in der Physikalischen Gesellschaft war, dem 1849 in Berlin gegründeten Physiologischen Verein zunächst nicht beitrat. Unter den Gründungsmitgliedern waren Mitarbeiter und Schüler von du Bois, aber auch Vertreter anderer medizinischer Disziplinen. Es ist nicht ganz klar, ob unterschiedliche Zielstellung, etwa Autarkiebestrebungen des Vereins gegenüber der Physik und stärkere Verbundenheit mit Pathologie und klinischer Medizin, [59] persönliche Gründe oder ein halb großmütiges, halb hochmütiges Nichteinmischen in den Assistentenzirkel ihn fernbleiben ließ. 1874 wurde er endlich doch Mitglied, vermutlich, weil wegen der Zunahme des Wissenschaftsbetriebs und der fortschreitenden Spezialisierung die Physikalische Gesellschaft nicht mehr zugleich als Forum für die physiologische Forschung geeignet war: Sogleich übertrug man ihm den Vorsitz.

> Herr du Bois übernimmt das Präsidium und hofft, daß der Physiologische Verein unter seiner Leitung dieselbe Entwicklung nehme wie die seit 25 Jahren von ihm geleitete Physikalische Gesellschaft. [59]

Dem so vorgegebenen Trend steht entgegen, daß schon ein Jahr später der Physiologische Verein mit dem Verein für Klinische Wissenschaften zur Berliner Physiologischen Gesellschaft verschmolz. Auf einer Sitzung dieser Gesellschaft am 24. März 1882 im damaligen Physiologischen Institut hielt Robert Koch unter dem Vorsitz von du Bois-Reymond seinen bahnbrechenden Vortrag über die Entdeckung, Züchtung und pathogene Natur des Tuberkelbazillus.

Du Bois blieb, gleichsam selbstverständlich, bis zu seinem Tode Vorsitzender auch dieser Gesellschaft. Er leitete die Sitzungen und kommentierte die Referate, hielt aber kaum jemals einen eigenen Vortrag.

Zur gleichen Zeit und nahezu am gleichen Ort, wo die Freunde sich um die neue Physiologie mühten, ging ein anderer Schüler Müllers daran, die Krankheitslehre auf naturwissenschaftlichen Boden zu stellen. Und doch waren die Verbindungen zwischen dem Kreis um du Bois-Reymond und Virchow und seinen Freunden schwach. Es blieb bei der bloßen Kenntnisnahme. Virchow hatte das Studium an der militärärztlichen Bildungsstätte, dem medizinisch-chirurgischen Friedrich-Wilhelm-Institut, 1839 aufgenommen, ein Jahr später als Helmholtz. Beide waren durchdrungen von der Überzeugung, daß die Medizin von Grund auf erneuerungsbedürftig sei und ausschließlich auf naturwissenschaftliche Fundamente gestellt werden müsse. Dennoch ist es nicht zu engeren Kontakten gekommen. Virchow wird in den Briefen von du Bois sehr selten erwähnt. Im Juni 1846 schreibt er an Hallmann:

> Froriep ist nach Weimar übergesiedelt ... um seine Stellung an der Charité hat sich ein Kampf zwischen den Civil- und Militärmedizinalbehörden erhoben; jene wollten G. Simon, diese Virchow hineinbringen, einen Elèven, der sich mit Mikroskopie und pathologischer Anatomie nicht ohne Erfolg beschäftigen soll. Die Militärbehörden haben gesiegt. [16]

Robert Froriep war von 1833 bis 1846 Prosektor der Berliner Charité. Virchow arbeitete bei Froriep und führte für die Charité mikroskopische und chemische Untersuchungen durch. Nur Schönleins Innere Klinik, die naturwissenschaftliche Untersuchungsmethoden pflegte, hatte dafür eigene Mitarbeiter: Robert Remak für die mikroskopischen Untersuchungen und Wilhelm Heinrich Heintz für die chemischen, den gleichen Chemiker, der uns als Freund du Bois' und Mitglied des „Jüngeren Naturforschervereins" begegnet ist. Die Charité unterstand nach wie vor den Militärbehörden, obwohl ihre Kliniken auch der Ausbildung der Universitätsstudenten dienten und ihre Direktoren Professoren der Universität waren. Daher kam es häufig zu Spannungen und Kämpfen zwischen den Zivil- und den Militärbehörden. Hier siegte das Militär, wie es wohl in entscheidenderen Fällen die Regel war. Dieses Mal war es von Vorteil für die Entwicklung der medizinischen Wissenschaft. Virchow wurde 1846 vorläufig und 1847 endgültig Prosektor. Wegen seiner Beteiligung an der bürgerlichen Revolution wurde diese Ernennung aber 1849 vorübergehend zurückgenommen. 1848/49 war Virchow Mitglied der Physikalischen Gesellschaft. Die von ihm 1849 mitbegründete Physikalisch-medizinische Gesellschaft in Würzburg wurde sicher von den Berliner Erfahrungen inspiriert.

So sehr Virchow mit den jungen Physiologen in der Ausgangsposition übereinstimmte und für seine Überzeugung eintrat, daß das Leben „mechanisch" begründet sei, d. h. auf physikalischen und chemischen Gesetzen basiere, war er doch mehr und mehr zurückhaltend gegenüber einem vorschnellen Reduktionismus, ja er hat sich im Hinblick auf das komplexe Geschehen höherer Ordnung wiederholt in pointierter und der Sache nach übertriebener Weise als Vitalist bezeichnet. Das erklärt vielleicht, warum sich die beiden großen medizinischen Grundlagenwissenschaftler vor Virchows Fortgang nach Würzburg (1849) und sicher noch mehr nach seiner Berufung nach Berlin (1856) etwas aus dem Wege gingen. Als führende Exponenten ihrer Fachgebiete mit einem ausgeprägten Selbstwertgefühl hatten sie wohl beide kein Bedürfnis nach kongenialer Größe an ihrer Seite. Als Virchow 1874 in die Akademie der Wissenschaften berufen wurde, erinnerte du Bois an den Ursprung von dem gemeinsamen Lehrer, an die verwandte Grundposition und die ihnen beiden gemeinsamen Kämpfe der Jugendzeit, die jeder für sich ausgefochten hatte:

> Wie wir physikalische Methoden und Betrachtungsweise in die Physiologie einführten, und den Traum der Iatromechaniker und Iatromathematiker nahe wahr machend, die Geheimnisse des Organismus mit allen Hilfsmitteln der Mechanik und Mathematik angriffen: so übertrugen Sie physiologische Betrachtungsweise und Methoden in die Pathologie, und wurden – ich denke an Ihre Arbeit über Thrombose und Embolie – einer der Schöpfer der heute so erfolgreich angebauten Experimentalpathologie. [7, Bd. II, S. 589]

Noch deutlicher wies Virchow in seiner Ansprache zur Feier des 50. Doktorjubiläums von du Bois-Reymond (1893) auf den Beginn der neuen naturwissenschaftlichen Medizin hin, zu dem sie beide so entscheidend beigetragen haben:

> Es war am Schlusse einer Jahrtausende langen Zeit, in welcher die endlose Zahl der alten Schulen eine die andere ablöste, und am Beginn einer Reformation, um nicht zu sagen einer Revolution, aus der die neue Medizin kraftvoll und siegreich hervorgegangen ist. [61]

Dieser Einschätzung müssen wir heute völlig zustimmen. Aber auch nach einer wissenschaftlichen Revolution vollzieht sich die Wissenschaftsentwicklung nicht als stetige Evolution, sondern wird von Widersprüchen vorangetrieben. Die Physiologie und die Medizin der nächsten Jahre und Jahrzehnte zeigen das deutlich.
Die enge Verbindung der Physiologie zur Physik und Technik bewirkte zumindest vorübergehend eine völlige Loslösung von der Anwendung auf klinische Fragestellungen. Auch Anregungen gingen von der klinischen Medizin zunächst kaum aus. Gerade die Elektrophysiologie als Arbeitsgebiet unseres Forschers lief lange unverbunden neben den Interessen des Arztes her, ebenso wie die Aufklärung der nervalen Erregungsmechanismen noch für lange Zeit nicht einmal die Nervenärzte vorrangig interessierte, denen viel mehr an der Lokalisation des Defektes gelegen war. Diagnostische Verfahren wie die Elektrokardiographie, Elektroenzephalographie, Elektromyographie usw. erlangten erst später Bedeutung. Sie wurden häufig von Klinikern mehr gefördert als von Physiologen und die beobachteten Normabweichungen anfangs empirisch der Diagnose zugeordnet, die man mit anderen klinischen Methoden oder pathologisch-anatomisch sichern konnte. Genutzt wurden dabei in erster Linie die methodischen Erfahrungen der Elektrophysiologen. Aber die Meßgeräte waren nicht mehr die von du Bois verwendeten oder eingeführten.
Dennoch wurde die Physiologie neben der Pathologischen Anatomie eine der tragenden Säulen der neuen naturwissenschaftlichen Medizin und prägte schon vom Studium her das Denken der späteren Ärzte grundlegend. Sie wurden bald dazu angeregt, die Medizin als angewandte Physiologie neu zu gestalten. Trotz vieler Einzelerfolge aber war dieser Optimismus verfrüht, die Phase der „physiologischen Klinik“ mußte aufgegeben werden. Die Enttäuschung trieb viele Ärzte ins andere Extrem einer kasuistisch eingeschränkten, beschreibenden, „unabgeleiteten“, „selbständigen“ Klinik zurück. Aber Schritt für Schritt baute sich eine Funktionsdiagnostik, eine funktionelle Krankheitsauffassung und die moderne Pathophysiologie auf – wiederum in erster Linie durch die Arbeit physiologisch geschulter Kliniker.
Es muß erwähnt werden, daß die Mitgestalter der neuen kausalanalytischen, reduktionistischen Physiologie im Unterschied zu du Bois nicht nur mehrere und weitergefaßte Gebiete, sondern auch

praxisnähere Fragestellungen bearbeiteten, von denen aus der Schritt zur pathophysiologischen Nutzanwendung nicht so weit war. Das galt für Karl Ludwig mit seinen Arbeiten zu Blut und Kreislauf, Atmung und Verdauung, für Ernst Brücke mit Arbeiten zur Verdauungs- und Sinnesphysiologie und für Hermann Helmholtz mit seinen grundlegenden Beiträgen zur physiologischen Optik und Akustik – ganz abgesehen von seiner bahnbrechenden Erfindung des Augenspiegels (1851).

Es soll nicht übersehen werden, daß die neue Physiologie, die für uns die klassische Physiologie ist, so unentbehrlich und verdienstvoll sie war und so viele Aufschlüsse sie über die Körperfunktionen erbracht hat, doch ihre zeitbedingten und zeitgebundenen Einseitigkeiten besaß. Hier seien nur genannt: ihr überwiegend mechanistisches Denken, ihr einseitig analytisches und reduktionistisches Vorgehen in der übertriebenen Erwartung, die Lebenserscheinungen auf die anorganischen Bewegungsformen der Materie reduzieren zu können. Ihre unbiologische Einstellung drückt sich schon aus in der vorzugsweisen Beschränkung auf die Standardversuchstiere Frosch, Maus, Ratte, Kaninchen, Katze und Hund ohne sonderliche Berücksichtigung ihrer speziellen natürlichen Umwelteinpassung. Hinzu kommt das fast ausschließliche Arbeiten mit dem isolierten Einzelorgan, selten mit dem Ganztier oder gar mit dem Menschen, ihr Bemühen, von der Funktion des einzelnen aus dem Organismus entnommen überlebenden Organs auf sein Verhalten im Gesamtorganismus zu schließen, ihr quasistationäres Abstrahieren von der Entwicklung, als sei jede Organfunktion von vornherein ausgebildet vorhanden und in unveränderter Weise ad infinitum zu wiederholen, das Zugrundelegen eines mittleren Durchschnittserwachsenen in Körperruhe, soweit überhaupt auf Verhältnisse und Größen beim Menschen eingegangen wurde. Die neue Physiologie erfuhr zunächst eine starke gebietsmäßige Einschränkung gegenüber der anthropologisch orientierten Physiologie, wie sie noch das Müllersche Handbuch zusammenfaßt. Die genannten Tendenzen sind hie und da bald und mit fortschreitender Entwicklung immer mehr durchbrochen worden, meist allerdings durch die Bildung von Spezialfächern wie der vergleichenden Physiologie, der Entwicklungs- und Arbeitsphysiologie.

Vorübergehende Umfangsbeschränkung und Konzentration, Ausscheidung von Gebieten, die noch dem Zugang mit den neuen spezifischen Methoden verschlossen waren und deren innere Zugehörigkeit zunächst überhaupt fraglich war, bildeten einen notwendigen Entwicklungsschritt. Ebenso mußte die Analyse notwendigerweise der Synthese vorausgehen. Ganz falsch wäre der Schluß, die klassische Physiologie sei ein Irrweg gewesen, weil heute wieder stärker ganzheitliche, biologische und anthropologische Positionen erreicht werden, deren Ansätze und Vorstufen eine damals als unwissenschaftlich verlassene Physiologie vertreten hatte. Es handelt sich hier vielmehr um eine Negation der Negation, wie sie die Wissenschaftsentwicklung in ihrer Dialektik notwendigerweise charakterisiert und zu einer qualitativ höheren Stufe wissenschaftlicher Erkenntnis führt.

Lehrer und Institutsdirektor

Als Student und in den ersten Jahren nach der Promotion experimentierte Emil du Bois-Reymond in der eigenen Wohnung, in der Nachbarschaft als „Paddendoktor" bekannt. Im Anatomischen Museum, das sich im zweiten Obergeschoß des Westflügels des Universitätsgebäudes Unter den Linden befand, gab es kein räumlich getrenntes physiologisches Laboratorium, und zum Experimentieren war kaum etwas vorhanden:

Der Apparat (wenn man Mikroskope und anatomische Werkzeuge als zum anatomischen Lehr- und Forschungsmaterial gehörig rechnet) beschränkte sich auf das Notwendigste, Wage, Luftpumpe, Gasometer, galvanische Säule u. dgl. m., nur für die Physiologie der Sinne und der Stimme und Sprache war er, von Joh. Müllers Studien über diese Gegenstände her, etwas vollständiger. Seit dem Beginn der vierziger Jahre war der physiologische Apparat überhaupt nicht mehr wesentlich vermehrt worden. [24]

Erst 1853 erhielt du Bois dort ein eigenes Arbeitszimmer, zu dem mit der Zeit ein weiteres und ein schmaler Gang hinzukamen. Als 1858 nach Müllers Tod die Physiologie als eigener Lehrstuhl unter du Bois-Reymond von der Anatomie abgetrennt wurde und das Physiologische Laboratorium vollständige Selbständigkeit erhielt, wurde (1859) Isidor Rosenthal als Assistent und außer ihm ein Aufwärter angestellt. Der gesamte Jahresetat betrug damals 1140 Taler: 600 Taler für das Laboratorium, 300 Taler Gehalt für den Assistenten und 240 für den Diener. (Du Bois hatte 1855 als außerordentlicher Professor zunächst nur 200 Taler erhalten.) Auf Rosenthal, der du Bois zu selbständig wurde, so daß er an dessen Stelle „einen jüngeren, noch biegsamen und so weit als nötig sich unterwerfenden Mann" [17] suchte, folgte 1869 Franz Christian Boll als Assistent, 1874 Johannes Gad und 1877 Arthur Christiani.

Bis zur Eröffnung des Physiologischen Instituts im Jahre 1877 wurde das Laboratorium nur um einen Bodenraum erweitert.

Trotz aller Ungunst der äußeren Verhältnisse war aber gerade dies die Zeit, wo aus dem Laboratorium nicht allein eine Anzahl bedeutender Arbeiten, sondern auch eine Reihe von Männern hervorging, welche die daselbst gereiften Lehren und Methoden weithin nach deutschen Universitäten, ja bis ins Ausland trugen. [24]

Du Bois, der diese keineswegs übertriebenen Zeilen für eine Festschrift verfaßte, zählt anschließend die Namen Ch. Aeby, J. Bernstein, A. von Bezold, F. Boll, A. Christiani, J. Gad, R. Heidenhain, L. Hermann, E. Hitzig, F. Holmgren, W. Kühne, H. Munk, O. Nasse, W. Th. Preyer, S. S. Radziejewski, J. Ranke, H. Röber, I. Rosenthal, K. Sachs, I. M. Setschenow, I. Steiner, S. Tschirjew, W. Wundt auf und fügt eine Erinnerung hinzu, die ein bezeichnendes Licht auf die Bedeutung dieser physiologischen Pflanzschule und die Nachfrage nach dort gebildeten Physiologen wirft:

Hier geschah es, dass der Kurator der Universität Jena, Moritz Seebeck, der einen Professor der Physiologie für die thüringische Hochschule suchte, mit einem jungen Studenten, der in einer Ecke des Laboratoriums über Vagus-Reizung experimentierte, in ein Gespräch gerieth und durch dessen Unterhaltung so gefesselt wurde, dass er (nach Rücksprache mit dem Direktor) keine bessere Wahl treffen zu können glaubte. Dieser Student, der über Nacht Professor und erst nachher Doktor wurde, hiess Albrecht von Bezold. [24]

Der dreiundzwanzigjährige Extraordinarius, dem das 1859 widerfuhr, war hochbegabt und konnte sich durch Arbeiten zur Physiologie des Herzens und des Kreislaufs einen bleibenden Namen schaffen, bevor er 1868 als Zweiunddreißigjähriger herzkrank starb.

Alle genannten Schüler, die fast ausnahmslos Professoren der Physiologie oder benachbarter Fächer wurden, mußten, manchmal sechs zur gleichen Zeit, in einem spärlich erleuchteten Durchgangszimmer arbeiten, das als Zugang zum Zoologischen Museum diente. Wer irgend konnte, arbeitete wie du Bois in der eigenen Wohnung. Wer sich mit du Bois überwarf, dem blieb ohnehin nichts anderes übrig. Zur ersten Gruppe gehörte der vielleicht berühmteste Schüler Eduard Pflüger, der deshalb in der Aufzählung fehlt. Seine starke und kämpferische Persönlichkeit, seine außergewöhnliche experimentelle Fähigkeit und sein scharfer Verstand machten selbst du Bois zu schaffen. Im gleichen Jahre 1859 wie Bezold wurde der Neunundzwanzigjährige auf den neu errichteten Lehrstuhl der Physiologie nach Bonn berufen, nachdem er mit seiner Doktorarbeit (1855) über die nervale Hemmung der Darmbewegung und mit seiner Habilitationsschrift über den

Elektrotonus (s. o.) das Fach bereits wesentlich bereichert hatte. 51 Jahre lang hatte er seinen Lehrstuhl inne.

Ein Experimentator, den du Bois des Labors verwies, war Ludimar Hermann. Im Unterschied zu du Bois vertrat er (1867/1868) die Auffassung, der ruhende Muskel sei stromlos, solange er nicht verletzt werde oder abzusterben beginne. Er setzte der Praeexistenztheorie seine Alterationstheorie entgegen, und in der Folge sprach man für lange Zeit vom Verletzungsstrom statt vom Muskel- oder Ruhestrom. Das rührte an die Grundfesten der Ergebnisse und Vorstellungen des Berliner Ordinarius'. Hermann hatte insofern recht, als vom Äußeren eines ruhenden Muskels wirklich kein Strom abzuleiten ist – im Unterschied zu den Behauptungen von du Bois (s. o.). Wir wissen aber heute durch Untersuchungen mit Mikroelektroden, daß auch am ruhenden Muskel eine Potentialdifferenz zwischen der Oberfläche und dem Inneren besteht. Insofern hat sich Hermanns Erwartung nicht bestätigt. Dessen ungeachtet hat sich Hermann viele wissenschaftliche Verdienste erworben – auch auf dem Gebiet der Elektrophysiologie. Auch er wurde Ordinarius (1868) und gab von 1879 bis 1883 ein sechsbändiges Handbuch der Physiologie heraus, an dem du Bois die Mitarbeit verweigerte. Die Feindschaft blieb bestehen.

Mit den oben aufgezählten Namen ist die Zahl der Schüler und Mitarbeiter von du Bois-Reymond noch lange nicht vollständig. In gewissem Sinne gehören schon Adolf Fick während seiner Berliner Studienzeit (1849/50) und zu gleicher Zeit Georg von Liebig, der Sohn des großen Chemikers Justus von Liebig, dazu. Du Bois stellte ihm eine Aufgabe, die ihn in Konflikt mit Ansichten seines Vaters bringen mußte. Er sollte untersuchen, wie lange isolierte Muskeln in verschiedenen Gasen erregbar bleiben. Daß sie in nicht atembaren Gasen ihre Erregbarkeit schneller verloren, sprach dafür, daß die Oxidationen im Muskel selbst stattfinden und nicht, wie der Vater Liebig annahm, im Blut.

Du Bois vertrat ein recht abschätziges Urteil über Justus von Liebig. In seinen antivitalistischen Ausführungen „Über die Lebenskraft" in der Vorrede zu den „Untersuchungen über die thierische Elektricität" (1848), die er 1886 mit seinen Reden zusammen herausgegeben hat, bezeichnete er Liebig als „jene ‚Geißel Gottes', welche in unseren Tagen über die Physiologen verhängt wurde". [8] In seinen Briefen finden sich wiederholt negative

Äußerungen, und über die saure Reaktion des Muskelfleisches kam es die fünfziger Jahre hindurch zu einer Polemik, in die auch der Sohn Georg als Mittelsmann hineingezogen wurde. Du Bois hatte 1851 entgegen Liebigs ursprünglicher Ansicht nachgewiesen, daß lebende Muskeln nur „wenn man sie bis aufs Blut tetanisiert hat“, [17] also nach heftigster anhaltender Reizung, Milchsäure enthalten und sauer reagieren. Mit dieser Arbeit hat sich du Bois nicht habilitiert, wie es bisweilen heißt. Die Habilitation war schon fünf Jahre früher (1846) erfolgt. Eine gedruckte Habilitationsschrift war derzeit an der Berliner Universität nicht üblich. Die lateinische Schrift „Über die Reaktion der Muskelfaser, wie sie den Chemikern sauer erschienen ist“ [5] hat er vielmehr 1859 als obligatorisches „Antrittsprogramm“ anläßlich der Übernahme seiner ordentlichen Professur (1858) geliefert. Die Frage hatte insofern theoretisches Interesse, als Liebig den Muskelstrom auf die Wechselwirkung saurer und alkalischer Flüssigkeiten in den einzelnen Muskelstrukturen zurückgeführt hatte.
Allgemein findet die Kontroverse ihren Grund einmal in dem Vitalismus, den Liebig in gemäßigter Form vertrat, zum anderen in vorschnellen Schlußfolgerungen, die er in seinem Werk „Die organische Chemie in ihrer Anwendung auf Physiologie und Pathologie“ (1842) gezogen hatte.
Außer den Medizinern und Naturwissenschaftlern, die die Physiologie zu ihrem Lebensberuf machten, Lehrstühle besetzten und zu Keimzellen weiterer Verbreitung und Pflege der neuen Physiologie machten, sind selbstverständlich auch eine Reihe von Doktoranden und Klinikern im Physiologischen Laboratorium der Berliner Universität tätig gewesen. Sie haben in vielen Fällen zur physiologischen Fundierung der klinischen Medizin, zur Einführung physiologischer Methoden und des funktionellen Denkens in die Klinik und zur Entwicklung der Pathophysiologie beigetragen.
Am 7. November 1878 wurde du Bois anläßlich seines 60. Geburtstages von seinen Schülern ein prächtig gestaltetes Album überreicht (Abb. 9). Es enthält 48 Porträtfotos und kurze Angaben zur Person und zu der Zeit, in der der Betreffende im Berliner Labor tätig war. [52] Außer den oben genannten Namen, von denen hier Setschenow und Wundt fehlen, sind vertreten S. Atanusijević, A. Babuchin, E. Baumann, M. Boldyrew, I. Cohnstein,

9 Festgabe mit den Porträtphotos der Schüler zum 60. Geburtstag (1878) (In: [52, S. 839])

E. von Cyon, S. Ehrenhaus, A. Eulenburg, C. A. Ewald, F. Falk, G. Fritsch, E. Grummach, P. Guttmann, S. Guttmann, A. Hartmann, M. P. Heyer, L. K. Lazarević, W. Leube, L. Lewinski, G. von Liebig, O. Liebreich, A. B. Meyer, R. Philipp, Ch. S. Roy, J. Schiffer, H. Senator, Th. Weyl.
Das kolorierte Titelblatt des Albums wird gekrönt von einer Frontansicht des Physiologischen Instituts, das ein Jahr zuvor, am 6. November 1877, feierlich eröffnet worden war (Abb. 10). Es war in einem großen Komplex mit dem Physikalischen (1878), dem Technologischen (1883), dem 2. Chemischen (1883) und dem Pharmakologischen Institut (1883) zwischen der Spree bzw. dem Reichstagsufer, der damaligen Neuen Wilhelmstraße (jetzt Otto-Grotewohl-Straße), der Dorotheenstraße (jetzt Clara-Zetkin-

10 Das 1877 eröffnete Physiologische Institut im Bauzustand von 1960 als Institut für Mikrobiologie der Humboldt-Universität in der Clara-Zetkin-Straße (In: 250 Jahre Charité. Berlin 1960. S. 62.)

Straße) und der Schlachtgasse (jetzt Bunsenstraße) errichtet worden. Der ungünstige Baugrund neben dem Fluß machte umfangreiche Untersuchungen und Fundierungsarbeiten notwendig, die durch das Bemühen um erschütterungsfreie Präzisionsarbeitstische noch erschwert wurden. So wurden drei Brunnenkessel 10 Meter in die Tiefe geführt und darin massive Sockel von 4,3 m Durchmesser freistehend und ohne Berührung mit den Fundamenten des Hauses aufgeführt.

Trotz all dieser Vorsichtsmaßnahmen sind noch immer geringe Schwankungen, die sich leicht durch einen Quecksilberspiegel nachweisen lassen, bemerkbar. Man hofft jedoch, dass sich auch diese verlieren werden, wenn erst alle das Institut umgebende Strassen mit Asphaltierung versehen sein werden. [24]

Diese Hoffnung wird sich nicht erfüllt haben, zumal der Straßenverkehr und das Gewicht der Fahrzeuge in ungeahnter Weise zugenommen haben. Doch sind derartige Maßnahmen durch die Einführung neuer Meßgeräte in der Physiologie mit der Zeit entbehrlich geworden.

Neben dem Geldmangel war der Institutsbau auch aus Mangel

eines geeigneten Bauplatzes aufgeschoben worden. Bezeichnenderweise suchte man es näher am Universitätshauptgebäude und in Verbindung mit den naturwissenschaftlichen Instituten zu errichten als in der Nähe der Charité, wo noch leichter Platz zu finden gewesen wäre und – auf dem Gelände des ehemaligen Charité-Friedhofs – im ersten Jahrzehnt unseres Jahrhunderts große naturwissenschaftliche Institute errichtet wurden. Unter ihnen befand sich auch das Hygiene-Institut von Max Rubner in der Hessischen Straße, das 1909 seine Bestimmung mit dem Gebäude du Bois-Reymonds in der Dorotheenstraße tauschte. Heute befindet sich im Neubau von 1877 das Institut für Sozialhygiene und das Institut für Mikrobiologie des Bereichs Medizin der Humboldt-Universität und dort zur Erinnerung an den denkwürdigen Vortrag des großen Bakteriologen vor der Physiologischen Gesellschaft am 24. 3. 1882 (s. o.) die Robert-Koch-Gedenkstätte. Es ist also ein Zufall, daß diese Gedenkstätte sich jetzt passenderweise im Institut für Mikrobiologie befindet.
Da sich der Baubeginn aus den genannten Gründen verzögerte, wurde er von Ludwigs Institutsneubau in Leipzig überholt. Ludwigs „Neue physiologische Anstalt“ (1869) gilt als Vorbild und Muster für die später gebauten physiologischen Institute. Das Berliner Institut ist aber anders konzipiert, seine Planung hatte gegenüber Leipzig den Vorlauf, und so erbat sich Ludwig im Mai 1865 von du Bois die Institutspläne, soweit sie schon vorlagen. Im Unterschied zu dem Leipziger Flügelbau, dessen Grundriß etwa einem lateinischen E entsprach, ist das Berliner Institut ein Kompaktbau, der sich um den zentral gelegenen Hörsaal anordnet (Abb. 11). Diese Betonung weist darauf hin, daß der Lehrbetrieb jetzt – anders als beim jungen du Bois-Reymond – die Priorität beanspruchte. Die Einheit des Vestibüls und des Hörsaals mit seinen Zugängen, den die Hörer von der Rückseite betraten, dem imponierenden, mit allen derzeitigen technischen Errungenschaften ausgestatteten Experimentiertisch gegenüber, beeindruckt durch ihre Ausgestaltung und drückt etwas von der fast sakralen Funktion aus, als die der ältere du Bois-Reymond sein Lehramt des die Naturwissenschaften krönenden Faches verstanden wissen wollte.

Wir treten durch das hochragende, mit den Bildern der Hausgeister *Albrecht von Haller* und *Johannes Müller* gekrönte Portal in das Gebäude ein, steigen

11 Schnitt durch das Physiologische Institut von 1877 in Nord-Süd-Richtung. Die Wandgestaltung des Hörsaals ist eingezeichnet (In: [24, S. 269])

in der säulengetragenen Vorhalle auf Marmorstufen empor und befinden uns in einem breiten, nach beiden Seiten lang auslaufenden Korridor mit stimmungsvoll gotischem Gewölbe. Wohin das Auge sieht, – die Decken und Wände, die lackierten Türen und Mosaikfußböden, die Broncekandelaber und Treppengeländer-, überall eine ungewohnte, fast festliche Ausschmückung, und wie eine Vorahnung einer neuen, reicheren Zeit steigt es in uns empor, einer in Marmor und Gold prunkenden Ära. [31]

Ein ausgeklügelter Laufplan war auf den Eintrittskarten zu den Vorlesungen vorgezeichnet (Abb. 12), nach dem der Hörer sich in den Hörsaal und, wenn eine Leuchtschrift dazu aufforderte, nach Schluß der Vorlesung durch den benachbarten Demonstrationsraum zu bewegen hatte. Neben den dort ausgestellten Objekten und Versuchen wurden die im benachbarten Vivisektorium vorbereiteten Tierversuche in einer halbkreisförmigen Vertiefung den sich gruppenweise in zwei Reihen aufstellenden Studenten vorgeführt. Du Bois war kein Freund von projizierten Bildern, mit Ausnahme mikroskopischer Demonstrationen und der Projektion des Leuchtfleckes elektrischer Meßgeräte – denn selbstverständlich wurde auch während der Vorlesung experimentiert.

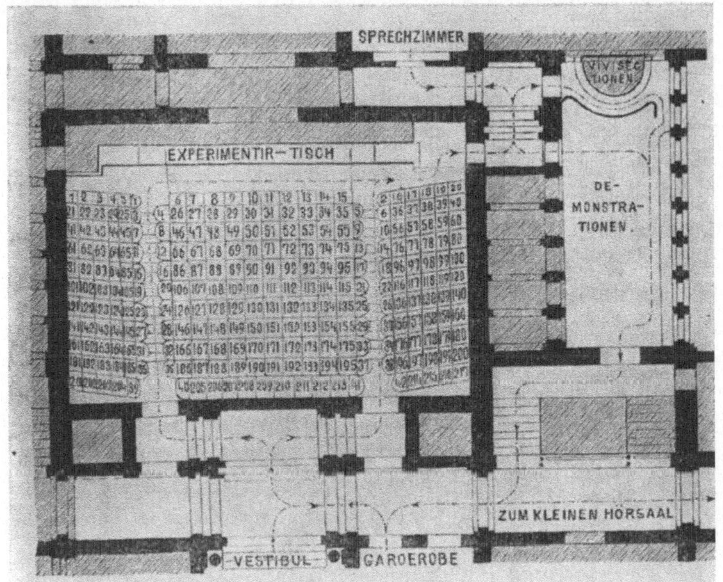

12 „Laufplan“ für die Studenten durch Hörsaal und Demonstrationsraum, wie er auf den Eintrittskarten dargestellt war (In: [24, S. 267])

Statt dessen arbeitete er mit Wandbildern, auf die er sehr stolz war, die aber, einmal angefertigt, über Jahre und Jahrzehnte unverändert eingesetzt wurden.

Auch die Laboratorien waren so dimensioniert, daß sie studentischen Übungen Platz bieten sollten. Besonders in der chemisch-physiologischen und mikroskopisch-biologischen Abteilung war das der Fall. Aber:

Was den Besuch der Anstalt betrifft, so genügt wohl die Bemerkung, dass sie trotz ihrer, wie es scheinen könnte, grossartig bemessenen Anlage, sehr bald nach fast allen Richtungen sich als zu beschränkt erwies. [24]

Ein eigentliches obligatorisches Studentenpraktikum als Querschnitt durch die gesamte Physiologie gab es noch nicht und folglich auch keine Praktikumsräume, die in den heutigen physiologischen Instituten einen großen Teil des Raumes beanspruchen.

Das Institut war in Abteilungen gegliedert. Die mikroskopisch-biologische Abteilung leitete Gustav Fritsch bis zu ihrer Auflösung durch Max Rubner im Jahre 1909. Zunächst hatte nur diese

Abteilung einen Assistenten, und zwar den gerade von einer Reise zur Erforschung des Zitteraales im Auftrag der Akademie der Wissenschaften aus Venezuela zurückgekehrten Carl Sachs. Schon im nächsten Jahr mußte die Stelle neu besetzt werden, nachdem Sachs in den Alpen tödlich verunglückt war. Du Bois gab dessen wissenschaftlichen Ergebnisse nach Briefen, die er während der Reise erhalten hatte, postum heraus und zeigte das noch von Sachs veröffentlichte, interessant geschriebene Reisebuch „Aus den Llanos" [53] in einem Nekrolog an, der in die Sammlung seiner Reden [7] aufgenommen wurde.

Leiter der speziell physiologischen Abteilung waren Hugo Kronecker bis 1884, Johannes Gad bis 1895 und Immanuel Munk bis 1903. Die physikalisch-physiologische Abteilung leitete Arthur Christiani zuerst kommissarisch als Assistent, wobei er fast ausschließlich als Vorlesungsassistent in Anspruch genommen wurde, und ab 1880 als Extraordinarius. 1888 wurde er abgelöst durch Arthur König. Die chemisch-physiologische Abteilung unterstand bis 1883 Eugen Baumann, dann bis 1895 Albrecht Kossel, der 1910 den Nobelpreis erhielt, und bis 1909 Hans Thierfelder. 1881 erhielt auch diese Abteilung einen Assistenten.

Der Fortgang der Abteilungsvorstände war in der Regel durch Berufungen auf auswärtige Lehrstühle bedingt, auf die ein derartiger Posten im Berliner Institut eine sichere Anwartschaft bot. In den meisten Fällen wurden die Abteilungen bereits von außerordentlichen Professoren geleitet. Und trotz der absoluten Alleinherrschaft des Institutsdirektors sind die Schüler aus dieser Zeit weniger von du Bois als von den Abteilungsleitern ausgebildet worden.

Es versteht sich von selbst, daß das Institut mit allen Finessen der Zeit, mit Nebenräumen und Hilfseinrichtungen verschiedenster Art ausgestattet war. Es gab Tierställe und ein Aquarium mit Süß- und Meerwasserbecken, ein Ranarium (für Frösche), ein „Sommerranarium" auf dem Hof, Dampfmaschine, Gasmotoren, Wassermotoren, Dynamomaschinen, Aufzug, Gas- und Wasserleitungen, aber noch keine elektrische Beleuchtung, Batterie-, Eis- und Kadaverkammern, Instrumenten- und Präparatesammlungen, 9 Wohnungen, von dem großen Wohnhaus des Direktors (Abb. 13) ganz zu schweigen. Der Direktor hatte nicht nur ein Amtszimmer, sondern auch ein chemisches und ein physikalisch-phy-

13 Direktorwohnhaus des ehemaligen Physiologischen Instituts im Bauzustand von 1960 als Hygieneinstitut (heute Otto-Grotewohl-Straße) (In: 250 Jahre Charité. S. 60.)

siologisches Labor, eigene Ställe für Hunde und Kaninchen, ja sogar ein „Privatranarium des Direktors".

So großzügig das Institut für damalige Verhältnisse ausgestattet war, brachte es doch nicht den Aufschwung der Forschung und die Mehrung der Schüler, die man hätte erwarten können, wenn man es mit den knappen Räumen im Universitätsgebäude und ihrer kargen Ausstattung verglich. Du Bois machte sich derartige Hoffnungen von vornherein nicht, wie seine vorbeugenden Worte in der Eröffnungsrede zeigen:

Nicht leicht drückt auf den an die Spitze eines Institutes von solcher Bedeutung und solchem Umfang Gestellten die damit übernommene Verantwortlichkeit. Ich spreche nicht nur von der seiner wartenden Verwaltungslast, von der Verpflichtung, eine den gebotenen Mitteln an Glanz und Fülle entsprechende Darstellung der Wissenschaft zu geben. Sondern ich fürchte zudem, daß Laien sich vom Einfluß solcher Anstalt auf die Wissenschaft übertriebene Vorstellungen machen, daß sie erwarten, nun plötzlich müsse von hier aus, wie Manufakturwaren aus der Fabrik, ein Strom von Entdeckungen sich ergießen, und, wie Leuchtkugeln aus der Bombenröhre, müsse ein Stern nach dem anderen aufsteigen, aber um dauernd einen Platz am Firmamente der Wissenschaft einzunehmen. Diesem Irrtum möchte ich mit einigen Worten vorbeugen.

Passende Räumlichkeiten, gute Apparate, Hilfsmittel aller Art sind freilich heute unentbehrlich, um in der Physiologie weitere Fortschritte zu ermöglichen. Doch tun sie es nicht allein; zur Klinge gehört des Khalifen Arm. In der Regel sind es Talente, welche Entdeckungen machen, und obschon die Gelegenheit Talente zum Vorschein bringt, hängt deren Zufluß doch vom Zufall ab.

Ohnehin vermehrt die Eröffnung unseres Institutes die vorhandene Gelegenheit nur um einen kleinen Bruchteil; es wäre schon viel, wenn im Durchschnitt auf jedes bestehende Institut gleichzeitig immer ein Talent käme; endlich hemmt auch den physiologischen Nachwuchs Überfüllung des Marktes, welche zeitweise die Talente in andere Bahnen drängt. Es wäre also nicht unmöglich, daß während aus dem „dumpfen Mauerloche" des bisherigen Laboratoriums Schlag auf Schlag Lehrer der Physiologie hervorgingen, der neue Prachtbau eine Zeitlang vergleichsweise unfruchtbar bliebe. [7]

Die Ursache für den Rückgang der Zahl bedeutender Schüler lag in der bereits vollzogenen Ausbreitung der neuen Physiologie. Alle verfügbaren Lehrstühle waren mit relativ jungen Wissenschaftlern besetzt, diese waren aktiv, vertraten den neuesten Stand der Wissenschaft und zogen selbst Schüler an. Du Bois aber experimentierte selbst kaum noch:

In den zwanzig letzten Jahren seines Lebens war du Bois-Reymond's Arbeit fast ausschließlich von seinen Geschäften als beständiger Sekretar der Akademie der Wissenschaften und von seinen Amtspflichten in Anspruch genommen. [50]

Auch waren seine Auffassungen zum Teil bereits veraltet, wurden aber zäh festgehalten. Zudem war ganz allgemein eine relative Stagnation durch die Aufarbeitung der alten Konzepte und eine gewisse Erschöpfung der damaligen methodischen Möglichkeiten durch eine Abstandsverringerung zum physikalischen Vorlauf erreicht.

Daß du Bois selbst nur noch wenig experimentierte, wird man nicht auf eine Enge seiner Interessen zurückführen können. Gewiß hatte er eigentlich nur ein Gebiet bearbeitet, aber seine anderen Tätigkeiten, insbesondere seine Reden zu vielerlei Themen, zeigen einen weiten Horizont. Wäre es nur die relative Erschöpfung seines Arbeitsgebietes gewesen, hätte er es wechseln oder ausweiten können. Objektiv sind die Fragestellungen bis heute nicht erschöpft, wie die elektrophysiologische Forschung zeigt, von der man sagen möchte, daß sie in der heutigen Physiologie dominiert. Man könnte auch an ein Nachlassen der Experimentierfreude oder -fähigkeit denken. Mehrfach ist in den Briefen an Ludwig von schöpferischen Krisen zu lesen, allerdings schon in jüngeren Jahren. Hier mag der langsame Fortgang der Arbeit zum gewählten Thema, seine unerwarteten Weiterungen bei einer scheinbar dazu im Widerspruch stehenden methodischen Festgefahrenheit eine Rolle gespielt haben. In der Jugend wurde ein Steckenbleiben naturgemäß stärker erlebt als in einer gewissen Resignation des Alters und der reichen Kompensationsmöglichkeit durch eine Konzentration auf Amtspflichten und Direktoratsgeschäfte, auf die Lehre und die Vortragstätigkeit.

Der Hauptgrund für das Nachlassen experimenteller und fachlicher Produktivität wird in den zunehmenden anderweitigen Belastungen zu suchen sein. Bis 1849 hatte du Bois es vermocht, allein der Forschung zu leben, notgedrungen nahm er dann die Stelle am anatomischen Museum und in der Kunsthochschule an. Lehrtätigkeit kam hinzu, erst in den Kursen bei Müller, dann in eigenen Vorlesungen. Damit er mit Müller um die Hörer konkurrieren konnte, legte er sie als Experimentalvorlesung mit vielen Demonstrationen und Vivisektionen an. Nicht nur die Vorbereitung der Vorlesungsversuche und das Erlernen der Operationen machten ihm Mühe und zusätzliche Arbeit, seine einseitige thematische Fixierung erforderte eine gründliche Einarbeitung in die anderen Gebiete der Physiologie und ihre neueren Ergebnisse. Die kompliziert programmierte Experimentalvorlesung und die verfestigte Lehrmeinung ließen du Bois kaum jemals den Ablauf der Vorlesung ändern. Daraus erklärt sich die Klage, er „habe im Jahre 1890 immer noch die Physiologie von 1868 vorgetragen". [10] Der Vortrag blieb fast wörtlich gleich; Anekdoten und Bonmots waren fest eingebaut und kehrten Jahr für Jahr an gleicher Stelle wieder. Das Ganze wurde pathetisch und mit schauspielerischer Eitelkeit vorgetragen, ja feierlich wie eine Messe zelebriert. Bernhard Naunyn, Internist und klinischer Experimentator, urteilte:

Dubois' Vorlesung (über Physiologie) hat mich wenig gepackt; sie glänzte für damalige Zeit durch die mise en scène (in Szene setzen – d. Aut.). Mir war die schauspielerische Art, mit der er uns sorgfältig vorbereitete Bemerkungen als geistreiche Eingebungen des Moments vorgaukelte, abstoßend peinlich, und ich wäre bald wieder fortgeblieben ... [48]

Ähnliche Urteile finden sich in Rückerinnerungen häufig. Andererseits war der Vortrag sicher stilistisch anspruchsvoll und ausgefeilt, so daß auch das Urteil eines ihm verbundenen Schülers seine Berechtigung haben dürfte und nicht nur als Schönfärberei in einem Nachruf abzuwerten ist:

... das edle sonore Organ, die modulationsfähige Stimme, die getragene Form der Rede, die lebendige, fast dramatische Darstellung, die elegante Periodenbildung, alles dies mit feiner Ironie gewürzt und durch Antithesen belebt. [47]

In der Zeit des Szientismus, einer übertriebenen und ausschließlichen Fixierung auf den naturwissenschaftlichen Fortschritt, gebarte sich Emil du Bois-Reymond wie ein Hohepriester der Wissenschaft. Sein Hörsaal war nach den Worten eines seiner Mitarbeiter

der Tempel der Wissenschaft, in welchem *ein einziger Priester,* er selbst, seines Amtes waltete. [22]

Sprichwörtlich waren seine stehenden Redewendungen und gleichnishaften Formulierungen, die er sogar in den Prüfungen wiederhören wollte. Der Hygieniker Heymann schreibt dazu:

Wir lächeln über die kleinen Menschlichkeiten dieses großen Gelehrten, die in zahlreichen Anekdoten von Mund zu Mund gehen, und erinnern uns gern der farbenprächtigen Stilblüten seines kunstvollen Vortrages, die sich – immer die gleichen – von Kollegheft zu Kollegheft fortrankten, bis sie schließlich längst geflügelte Worte geworden sind und die letzten Hoffnungsanker schiffbrüchiger Physikumskandidaten. [31]

Ausführlich schreibt darüber beispielsweise der Chirurg Carl Ludwig Schleich in seinen Lebenserinnerungen. [56]
Neben den obligatorischen Vorlesungen über allgemeine und spezielle Physiologie für Mediziner standen Spezialvorlesungen wie die „Über Diffusion", später unter dem Titel „Über die Physik des organischen Stoffwechsels", die er von 1856 bis 1896 mit drei Ausnahmen in jedem Sommersemester las (Abb. 14) und die sein Sohn René 1900 als Buch herausgegeben hat. In ihnen liegen interessante Ansätze zu einer physikalischen Chemie des Organismus vor, denen auch eigene experimentelle Untersuchungen zugrunde liegen. Außerdem aber hielt er seit Anfang der sechziger Jahre regelmäßig vielbesuchte Vorlesungen für Hörer aller Fakultäten „Über einige neuere Ergebnisse der Naturwissenschaft" und

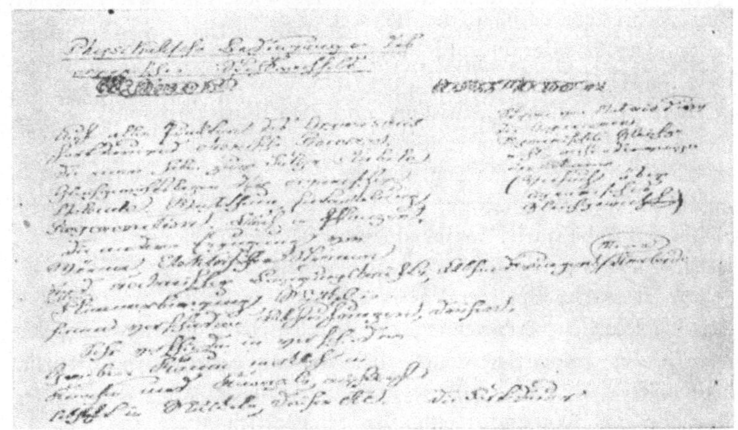

14 Anfang des Manuskriptes zur Vorlesung „Über die Physik des organischen Stoffwechsels“ (In: E. du Bois-Reymond: Vorlesungen über die Physik des organischen Stoffwechsels. Hrsg. von R. du Bois-Reymond. Berlin 1900.)

über „Physische Anthropologie“, an denen bis zu 10% aller Studenten der Universität teilgenommen haben sollen und für die sich der größte Hörsaal des Universitätsgebäudes als zu klein erwies. Dieser Erfolg steht nicht im Widerspruch zu den kritischen Äußerungen über seine Vorlesungen. Sicher war es schon ein interessantes Schauspiel und ein Erlebnis eigener Art, seinem geistreichen Assoziieren zu folgen, wenn man nicht danach lernen mußte, sondern sich nur anregen ließ. Und dem Thema gemäß war der Rhetor hier gewiß variabler und aktueller als in der Hauptvorlesung. Auch war er durch seine Reden allgemein bekannt, wurde in der Presse und in der Öffentlichkeit häufig und oftmals heftig diskutiert, so daß man schon deshalb die Gelegenheit wahrnahm, ihn selbst zu hören. Ein ehemaliger Student erinnerte sich: Es war

gleichsam *das* Ereignis in unserem damaligen Universitätsleben. Hier bot sich dem Redner die willig ergriffene Gelegenheit dar, seine Meisterschaft in der Klarlegung naturwissenschaftlicher Grundfragen vor einer allgemeinen Zuhörerschaft in ihrer ganzen Pracht zu offenbaren. Hier ließ er alle Künste seiner Beredsamkeit durch keine Schranke, durch keine Rücksicht behindert, spielen. Er sprach die kühnsten Gedanken sonder Furcht aus, er bebte vor keiner Schlußfolgerung zurück, sobald es galt, das durch die Forschung erschlossene Gesetz, die neugewonnene Erkenntnis in ihrer ungetrübten Klarheit hervortreten zu lassen. [36]

Hier verbreitete er u. a. die Lehre Darwins. Hier wie in seinen Reden war er „der Herold des naturwissenschaftlichen Jahrhunderts". [41] Die Popularisierung der Wissenschaften entsprach gleichermaßen dem Szientismus und den Fortschrittshoffnungen der Zeit und der Notwendigkeit, wissenschaftliche Ergebnisse praktisch nutzbar zu machen, die du Bois seit seinen jungen Jahren in der Nutzbarmachung der Physik für die industrielle Entwicklung erlebt hatte. In ihr dückt sich aber auch ein demokratischer Zug aus, der ihn im Revolutionsjahr 1848 veranlaßt hatte, eine Adresse der Berliner Physikalischen Gesellschaft an die Königlich Preußische Akademie der Wissenschaften mitzuunterzeichnen, in der gefordert wurde, die Akademiesitzungen öffentlich abzuhalten. [26] Dazu paßt es, daß von den Größen der Universität nur du Bois und Helmholtz gelegentlich auf dem Urania-Gelände in Moabit zu sehen waren. [38]

Viel Zeit kosteten die Amtsgeschäfte als Institutsplaner, dann als Institutsdirektor, fünfmal (1866/67, 1871/72, 1877/78, 1887/88, 1891/92) als Dekan der medizinischen Fakultät und zweimal als Rektor der Berliner Universität (1869/70, 1882/83), als ständiger Sekretar der physikalisch-mathematischen Klasse der Akademie der Wissenschaften, als Vorsitzender der Physikalischen und der Physiologischen Gesellschaft.

Hinzu kamen schließlich Pflichten als Zeitschriftenherausgeber. Nach Johannes Müllers Tode im Jahre 1858 führten Reichert und du Bois sein „Archiv für Anatomie und Physiologie" weiter, das schon auf Reil, Autenrieth und Meckel zurückging (seit 1796). 1877 wurde es geteilt, und du Bois übernahm die Physiologische Abteilung. Diese Zeitschrift war das Hauptorgan der Schule. Vielleicht deshalb hat du Bois sich der Herausgabe einer eigenen Zeitschrift seitens der Berliner Physiologischen Zeitschrift widersetzt, oder er scheute die mit der Herausgabe einer zweiten Zeitschrift verbundene redaktionelle Belastung.

Die eigenen Publikationen von du Bois finden sich in den „Fortschritten der Physik", in „Poggendorffs Annalen der Physik und Chemie", in den „Comptes rendus" der Pariser Akademie, in den Abhandlungen, Monatsberichten und Sitzungsberichten der Preußischen Akademie der Wissenschaften. Die wichtigsten sind in den beiden Bänden seiner „Gesammelten Abhandlungen zur allgemeinen Muskel- und Nervenphysik" zusammengefaßt.

Redner, Philosoph und Kulturhistoriker

In den Reden von Emil du Bois-Reymond besitzen wir eine reiche Quelle für die Kenntnis seiner Weltanschauung und seiner Meinungen. Ihre Entwicklung wird deutlich, wenn man zu den zwischen 1851 und 1895 gehaltenen Reden die Äußerungen seiner Jugendbriefe hinzunimmt. Die überwiegende Mehrzahl der Reden stammt aus der Zeit nach Gründung des deutschen Kaiserreiches. Zu den 34 Reden, von denen 25 in der Akademie der Wissenschaften gehalten wurden, kommen noch 23 akademische Ansprachen hinzu, in den meisten Fällen Grußadressen der Akademie und Antworten auf Antrittsreden neuer Akademiemitglieder.
Die Akademie war für du Bois-Reymond nicht nur das wichtigste Forum für seine Reden, sondern wurde mehr und mehr zu seinem hauptsächlichen Arbeitsbereich. Sein wissenschaftspolitisches Wirken äußerte sich sowohl in den Reden als auch in seiner Tätigkeit als ständiger Sekretar der Königlich Preußischen Akademie der Wissenschaften zu Berlin. A. von Harnack urteilte:

Seit Merian hat die Akademie kein Mitglied besessen, das so ganz für sie gelebt und sie in seiner Person gleichsam repräsentiert hat. [25]

In gewissem Sinne lag akademische Leitungstätigkeit schon in der Familie. Der Urgroßvater Daniel Chodowiecki war seit 1764 Mitglied der Kunstakademie und erledigte dort die Sekretariatsgeschäfte ohne besonderen Auftrag und bemühte sich um Reorganisation der etwas heruntergekommenen Einrichtung. 1797 wurde er Direktor und widmete sich die letzten drei Lebensjahre hindurch im Unterschied zu seinen Vorgängern mit Energie der Leitung. Beide Akademien, die der Künste und die der Wissenschaften, waren im gleichen Gebäudekomplex Unter den Linden untergebracht, dessen Stelle heute die Staatsbibliothek und die Universitätsbibliothek einnehmen.
Du Bois wurde durch Humboldts und Müllers Einfluß schon 1851 Mitglied der Akademie und 1867 ständiger Sekretar. Die Akademie, damals nur in zwei Klassen gegliedert, die physika-

lisch-mathematische und die philosophisch-historische, hatte keinen Präsidenten, aber vier ständige Sekretare – zwei für jede Klasse. Der Vorsitz der Gesamtakademie wechselte alle vier Monate unter den Sekretaren, wobei dem Dienstältesten noch besonderer Vorrang zukam. Im Vorsitz der Klasse wechselten deren beide Sekretare ab. Für den sehr aktiven du Bois kamen noch weitere Aufgaben hinzu wie der Vorsitz der Humboldt-Stiftung, die es ihm ermöglichte, zum Studium der elektrischen Fische 1876 Carl Sachs nach Venezuela und 1881 Gustav Fritsch nach Ägypten zu senden, wofür zusammen 23 500 Mark ausgegeben wurden.

Zu den Akademie-Reden boten die Leibnitz-Sitzungen der Akademie Anfang Juli, die Friedrichs-Sitzungen Ende Januar jeden Jahres und die Geburtstage des jeweiligen preußischen Königs regelmäßigen Anlaß. Dadurch waren sowohl gewisse thematische Vorgaben erteilt als auch politische Akzente gesetzt. Desto erstaunlicher ist die Vielfalt der von du Bois behandelten Themen. Daß er mit gleichem Geschick politische Euphemismen vermieden hat, läßt sich nicht sagen – er hat sich als preußisch-deutscher Patriot auch gar nicht darum bemüht. Nicht ohne Überschneidungen legen die Anlässe zwei Hauptkomplexe fest, die sich einmal um Wissenschaftsgeschichte und Wissenschaftstheorie, zum anderen um nationale und politische Belange gruppieren. Zu den Akademie-Reden treten in der gedruckten Sammlung vier Reden, die du Bois als Rektor der Universität gehalten hat, eine weitere vor der militärärztlichen Akademie und zwei vor wissenschaftlichen Vereinen. Er hat aber darüber hinaus auf Vortragsreisen gesprochen. [15] Den am meisten erörterten Vortrag hat er vor einer Versammlung der Deutschen Naturforscher und Ärzte (1872 in Leipzig) gehalten. Seine Bindung an diese für die Entwicklung der naturwissenschaftlichen und medizinischen Disziplinen so wichtige Gesellschaft war nicht eng und ist keineswegs etwa der führenden Beteiligung Virchows zu vergleichen. Nur dieses einzige Mal hat er vor einer ihrer allgemeinen Versammlungen gesprochen. Er bescheinigt ihr mangelnde Lebendigkeit und Bedeutung; [7, Bd. II, S. 185] vor allem aber ließ seine Tätigkeit für die Berliner Akademie keinen Platz für ein weiteres Engagement in wissenschaftlichen Vereinigungen.

Die letztgenannte Rede löste ein Echo aus, das bis in unsere Tage nachhallt. Aber auch andere Reden erregten Aufsehen und wurden in der Presse und in öffentlichen Gremien diskutiert. So viel Typisches und Spezifisches für die ihrer Kraft bewußte und ihre Kraft überschätzende Zeit des sich anbahnenden deutschen Imperialismus bei du Bois seinen Niederschlag fand, so sehr trat er zu gewissen Strömungen – und gewöhnlich zu den reaktionärsten – in Widerspruch. Hier aber setzte er mit seinem „ignorabimus" (wir werden nicht wissen) dem Selbstbewußtsein der Epoche einen empfindlichen Dämpfer auf – zur Freude jener Kreise, denen der scheinbar grenzenlose Siegeszug der Naturwissenschaften und des technischen Fortschritts nicht behagte. Aber du Bois war alles andere als konservativ und vergriff sich zu Recht oder Unrecht an Göttern und Götzen, an heiligen Gütern der Nation, tastete die Grundlagen der hochgehaltenen Bildungsinhalte an und machte selbst vor Goethe nicht halt. Wie in seinem Fache, der Physiologie, fühlte er sich allgemein als Künder einer neuen Zeit und einer kulturellen Erneuerung. Man muß ihm Mut und Ehrlichkeit bescheinigen. Er sagte, was er dachte. Wenn er mitunter Ansichten ausdrückte, die uns befremden, dann erklärt sich das durch die hundertjährige Entwicklung der Bourgeoisie und vor allem der Arbeiterklasse, um die wir ihm voraus sind und die uns weiter sehen läßt. Sein Sinn für Glanz und Pomp mag ihn veranlaßt haben, übertrieben zu pointieren und festlichen Anlässen überzeichnend gerecht zu werden, aber im Grunde dürfte er zu dem gestanden haben, was er sagte.

Sein Stil ist oft geschraubt, reich an Bildern und Vergleichen, ja schwülstig übertrieben. Er ist nicht als typische Erscheinung des ausgehenden 19. Jahrhunderts zu werten, sondern war auch zu dieser Zeit auffällig. Diese Art des Ausdrucks war du Bois früh eigentümlich. Schon 1840 bescheinigt sich der Zweiundzwanzigjährige selbst „Unfähigkeit, sich anders als in einer gezierten, halb goethisirenden Sprache auszudrücken". [16]

Die burschikose Ausdrucksweise der Jugendbriefe steht nur scheinbar dazu im Widerspruch. Sie spiegelt die gleiche Neigung zum überspitzten Formulieren wider sowohl im Abwerten wie im Loben, ob es dem kranken König gilt, „der auf den letzten Bürsten pfeift" oder „der Müllerschen Clique", den „Elementen" Reichert und Henle, dem „kleinen Schwein" Klinke, dem „Rindvieh" und „Troglodyten" Jüngken, dem „ungeschlachten Gesellen" Schönlein oder dem „Satan Dieffenbach".

Nun ist gerade der Stil unseres Redners oft überschwenglich gelobt und er selbst als einer der glänzendsten deutschen Stilisten eingeschätzt worden. Das französische Erbe wird gern hierfür verantwortlich gemacht. Tatsächlich ist seiner Rede Glanz und Wirkung und oft Prägnanz und ironische Treffsicherheit nicht abzusprechen. Du Bois, der sich wie auf seine anderen Eigenschaften und Fähigkeiten trotz gelegentlicher Selbstkritik [7, 15] auch auf seinen Stil viel zugute hielt, schlug 1874 die Gründung einer Kaiserlichen Akademie der deutschen Sprache nach französischem Muster vor, die der Einigung der geschriebenen und gesprochenen Sprache dienen sollte, denn:

> Mit seltenen Ausnahmen spricht jeder Deutsche, wie ihm der Schnabel gewachsen ist. Nicht bloß jede Landschaft besteht in Aussprache, Wortbildung und Wortfügung auf ihren Eigenheiten, sondern jeder Einzelne hat dergleichen von Eltern, Pflegerinnen, Lehrern übernommen, oder selber sich ausgedacht. Wie nach Boileau jeder Protestant mit der Bibel in der Hand Papst ist, so dünkt sich, aber auch ohne Adelung, Heyse und Grimm, jeder Deutsche eine Akademie. [7, Bd. I, S. 490]

Auch der Stilschulung sollte sich die Sprachakademie widmen:

> Wenn ich hier von Stil rede, meine ich nur dessen grundlegende Eigenschaften, die bei einem gewissen Maß von Begabung jeder durch Schulung sich aneignen kann. Es ist nicht von jedem zu verlangen, daß er geistreich, fein, schwunghaft schreibe, daß er mit sinnvollen Wendungen den Leser gewinne, mit treffenden Gleichnissen ihn erfreue, durch Leidenschaft ihn fortreiße. Dagegen ist von jedem zu verlangen, daß er in gutem Deutsch seine Meinung bündig, kurz und klar mitteile. [7, Bd. I, S. 492]

In dem, was nicht von jedem zu verlangen ist, spiegelt sich offensichtlich sein eigenes stilistisches Bemühen, dem manchmal das, was er von jedem verlangte, zum Opfer gefallen ist.

In seinen Reden legt du Bois-Reymond Zeugnis ab von einer sehr vielseitigen Allgemeinbildung, in vielen Kulturbereichen aber sogar von einer recht speziellen Bildung. Es ist undenkbar, vor allem auch in der Auseinandersetzung mit neueren Kulturströmungen, daß er dabei nur von einer gründlichen humanistischen Schulbildung zehrt. Er muß, der Einseitigkeit der Forschung und der Fülle der Amtspflichten unerachtet, das politische, kulturelle und wissenschaftliche Geschehen aufmerksam und beteiligt verfolgt und zur Vorbereitung der Reden tiefergehende Studien getrieben haben.

In der Darstellung der Wissenschaftsgeschichte leistet du Bois Beachtliches und wird darin über die Mehrzahl selbst hauptamtlicher Wissenschaftshistoriker seiner Zeit gestellt.

Wenn im vorigen Jahrhundert jemand das Prädikat „Wissenschaftshistoriker" verdient, dann ist es Emil du Bois-Reymond. [63]

Das betrifft in erster Linie die biographischen Darstellungen wie die große Gedächtnisrede auf Johannes Müller, noch heute die Hauptquelle in bezug auf den großen und vielseitigen Biologen, die durch nahe persönliche Kenntnis belebt und akuratisiert wird, oder die Gedächtnisrede auf Hermann von Helmholtz. Gekannten wie früher Verstorbenen hat er gedacht: dem Physiker Paul Ermann aus nahestehender Familie der französischen Kolonie – ja dem Anteil dieser Kolonie selbst an der Akademie der Wissenschaften ist eine Rede gewidmet (1886). Dem Freunde Eduard Hallmann gilt ein Nekrolog, der in die Sammlung der Reden aufgenommen wurde wie der für den verunglückten Schüler Carl Sachs. Reden gibt es auf den Gelehrten und Schriftsteller Adalbert von Chamisso, auf die Brüder Humboldt anläßlich der Einweihung ihrer Denkmäler vor der Universität (1883), auf Darwin, Diderot, La Mettrie, Maupertuis, auf Voltaire und immer wieder auf Leibniz. Nicht alle sind vollständige Biographien, sondern greifen Einzelaspekte und Bezüge heraus. Eine vorbildliche problemgeschichtliche Darstellung und verläßliche Quelle stellt die Geschichte der bisherigen Elektrophysiologie in den „Untersuchungen über thierische Elektricität" (1848) dar (s. o.). Auf seine Stellung zur Wissenschaftsgeschichte und ihre Bedeutung geht die Rede „Über Geschichte der Wissenschaft" (1872) ein. Briefe von du Bois-Reymond geben Aufschluß über einen regen Gedankenaustausch zu wissenschaftshistorischen Fragen und über seine Mitwirkung bei entsprechenden Publikationen anderer. [15, 42]

Die Erneuerung des eigenen Faches machte eine Durchdringung seiner erkenntnistheoretischen und methodologischen Voraussetzungen erforderlich. Diese findet sich in den Grundzügen schon in der Abhandlung „Über die Lebenskraft" (1848). Im Schlußsatz wird dort die Befürchtung ausgesprochen, der Glaube an die Lebenskraft sei aus Gründen „des gemütlichen Bedürfnisses" im Grunde unvertilgbar. In der Tat erhob sich vor der Jahrhundertwende der Neo-Vitalismus, dem in einer eigenen Rede begegnet werden mußte (1894). Immer wieder aber werden die Naturwissenschaften überhaupt und ihre Stellung in der Kultur der Gegenwart und Zukunft zum Gegenstand, so in den Reden „Über die wissenschaftlichen Zustände der Gegenwart“ (1882), „Kulturgeschichte und Naturwissenschaft“ (1887) und „Naturwissenschaft und bildende Kunst“ (1890). Von hier werden Prognosen nahe gelegt, in denen du Bois freilich nicht immer glücklich war. Die großen Veränderungen, die der Welt und der Wissenschaft in den kommenden Jahrzehnten bevorstanden, deuteten sich noch wenig an. Vielmehr stand man vor einer unerwarteten Zäsur, wo nur ein Kontinuum erwartet wurde. Auch waren die Auffassungen du Bois’ von der Gesellschaft nur sehr bedingt und eingeschränkt materialistisch und noch weniger dialektisch. Immerhin sah er schon 1882 aus den ersten Anzeichen das Latente und das Wiedererwachen des Irrationalismus und ihre Zusammenhänge mit dem Rassenwahn, als er nach einer Erwähnung des Hexenglaubens warnte:

Hüten wir uns übrigens vor Überhebung im Rückblick auf diese Verirrungen einer früheren Zeit. Dieselben törichten und bösen Neigungen, welche damals so gräßliche Gestalt annahmen, sie schlummern noch heut im Schoß der Gesellschaft, und jeden Tag können sie sich aufs neue in minder roher, aber nicht weniger schimpflicher Art entwickeln. Was sind die spiritistischen Plattheiten, die in Amerika, England, Leipzig solche Verwirrung anrichteten, anderes als in zeitgemäßer Hülle die Wahrsagerkünste des Altertums, welche durch die von Horaz verlachten Gaukeleien der Sagana und Canidia, durch des Apulejus Zaubergeschichten und durch das Hexenwesen dem Mesmerismus und tierischen Magnetismus die Hand reichen; und worin sonst als in den heute durch den Staat und die allgemeine Gesittung gesetzten Schranken unterscheiden sich die Rassen- und Glaubensverfolgungen der letzten Jahre von einem Albigenser Kreuzzug oder von einer mittelalterlichen Judenhetze? [7, Bd II, S. 168]

Was geschehen wird, wenn der Staat die Rassenverfolgung zur Doktrin erhebt, konnte er nicht ahnen – aber vorgezeichnet ist es. Der Fortschritt jedoch erschien ihm mehr als ein quantitativer Zuwachs denn als qualitative Veränderung. So meinte er 1887: „Schwerlich wird die Menschheit je fliegen.“ [8, S. 140] Die Mikroskopie sah er am Ende ihrer Auflösungsfähigkeit angekommen und hielt eine weitere Steigerung der Vergrößerung für unmöglich. Ebenso wie sein „ignorabimus“ resultieren diese Grenzziehungen aus einer Verabsolutierung der gegenwärtigen Entwicklungsphase und der Unfähigkeit, ihre Ablösung durch einen qualitativen Sprung für möglich zu halten. Mechanischem Denken erscheint das mechanische Erkenntnisstadium als das letzte und endgültige.

Aber auch so gesehen, erforderte das naturwissenschaftliche Zeitalter, an dessen Anfängen und vor dessen Heranwachsen er die Menschheit sah, Veränderungen der bildungsmäßigen Voraussetzungen zu seiner Realisierung und Beherrschung. Wohl hielt du Bois das humanistische Gymnasium im Prinzip für die optimale Voraussetzung auch eines naturwissenschaftlichen Universitätsstudiums. Aber er forderte einschneidende Reformen zugunsten der Mathematik und der naturwissenschaftlichen Unterrichtsfächer, zuungunsten formaler Exerzitien in den alten Sprachen. Selbst diese gemäßigten Vorschläge haben ihm wiederum viel Widerspruch und viele Anfeindungen eingebracht. Wieder schienen die Fundamente der Kultur, auf denen du Bois doch selbst aufbaute und die er in so reichem Maße seinen Reden zugrunde legte, in Gefahr. Genauer gesagt, schienen die Naturwissenschaften die Geisteswissenschaften, der Materialismus den Idealismus zu bedrohen. Vollends schien die Rede „Goethe und kein Ende" (1882) die Befürchtungen zu rechtfertigen. Und doch trat sie für das kontemplative Leben des „reinen" Gelehrten und Schriftstellers fern von tätiger Nutzanwendung ein. Die Besorgnis gegenüber einem allein auf Tat und Geschäft, auf praktisches und genießendes Leben gerichteten „Amerikanismus" kehrt auch an anderer Stelle wieder. Hiergegen wird Vorbeugung vom humanistischen Gymnasium und von dort zu pflegendem Geist der Antike erhofft. Für einen angeblich einseitigen Verfechter naturwissenschaftlicher Bildung klingt die folgende Behauptung paradox, die praktisch in die Forderung mündet, auf politische Betätigung zugunsten eines „Kultus der Idee" zu verzichten:

Einseitig betrieben, verengt Naturwissenschaft, gleich jeder anderen so geübten Tätigkeit, den Gesichtskreis. Die Naturwissenschaft beschränkt dabei den Blick auf das Nächstliegende, Handgreifliche, aus unmittelbarer Sinneswahrnehmung mit scheinbar unbedingter Gewißheit sich Ergebende. Sie lenkt den Geist ab von allgemeineren, minder sicheren Betrachtungen, und entwöhnt ihn davon, im Reiche des quantitativ Unbestimmbaren sich zu bewegen. In gewissem Sinne preisen wir dies an ihr als unschätzbaren Vorzug; aber wo sie ausschließend herrscht, verarmt, wie nicht zu verkennen, leicht der Geist an Ideen, die Phantasie an Bildern, die Seele an Empfindung, und das Ergebnis ist eine enge, trockene und harte, von Musen und Grazien verlassene Sinnesart. Der Naturwissenschaft ist ferner eigen, daß sie einerseits zu den höchsten Strebungen des Menschengeistes in Beziehung steht, andererseits durch eine Reihe unmerklicher Abstufungen in handwerksmäßiges, nur auf Erwerb gerichtetes Tun überführt. Bei den täglich sich steigernden Ansprüchen an das Leben kann stetige Abweichung im letzteren Sinne nicht ausbleiben. Die technische Seite der naturwissenschaftlichen Tätigkeit tritt unvermerkt immer weiter in den Vordergrund; Geschlecht um Geschlecht sieht sich immer mehr auf Wahrnehmung materieller Interessen hingewiesen. Auch die allgemeine Teilnahme an dem so sehr überschätzten politischen Leben zieht vom Kultus der Idee ab. [8, S. 141/142]

Mit dem politisch äußerst engagierten Virchow ist du Bois nicht zu vergleichen. Sein Beitrag zur Politik bleibt kontemplativ, äußert sich bestenfalls in Briefen und Reden, wird nie zur Tat. So war es schon während der bürgerlichen Revolution von 1848, die Virchow auf die Barrikaden trieb. Du Bois versäumte sie wegen Unpäßlichkeit, obwohl er anfänglich von der Begeisterung angesteckt wurde:

Nun ja, wenn etwas geeignet ist, mir die in meine Existenz gerissene Lücke weniger fühlbar zu machen, so ist es die große, die neue, die herrliche Zeit, die über uns hereingebrochen ist. Meine Pläne zwar werden wohl dabei zugrunde gehen, aus meiner Reise wird vielleicht nichts werden, mein Buch wird unbeachtet in die Welt treten, denn was ist jetzt Wissenschaft? Aber was will das sagen! Gegen das Ungeheure, das Gewaltige, wozu dies Geschlecht berufen sein sollte. Ich habe es nie geglaubt. Nie habe ich gewagt zu hoffen, daß der blasierte Berliner in seinen breiten, platten, schnurgeraden Straßen einst dem verhaßten Militärstaat ein moralisches Jena bereiten würde.

... Ich sage Dir, die Tränen stürzten mir in die Augen, und obschon ich nicht hinter den Barrikaden gewesen bin, man wurde durchbebt von dem freudigen Bewußtsein, daß man in sich den Mut fühlte, allen Gardebajonetten zum Trotz die Errungenschaften zu behaupten, die man nicht mit erkämpft hatte. [17]

Es folgt eine Schilderung der akustischen und optischen Eindrücke, die in sein Zimmer gedrungen waren, und dessen, was es am nächsten Tage draußen zu besichtigen gab, denn,

dann ging ganz Berlin in seine Straßen, um zu einem sehr großen Teil zu sehen, was es eigentlich gegeben hatte. In der Tat, die Schilderung, die ich Dir hier gebe, paßt auf die überwiegend große Mehrzahl aller Leute unseres Schlages. Wie sahen die Straßen aus! Bedeckt mit auseinandergeworfenen Barrikaden, den von den Dächern geschmetterten Ziegeln, das Pflaster aufgerissen, die Fenster und Wände zerschossen, die Haustüren eingestoßen und hie und da Blut! Sterbende wurden auf Bahren getragen, ehrfurchtsvoll öffnete sich die Menge, entblößten Hauptes sah man den fast beneideten Duldern nach. Eine düstere unheilschwangere Entschlossenheit in allen Augen, allen nicht bewaffneten Fäusten, wie sie jetzt erschienen. Nun wußte jeder, was geschehen war, nun war jeder bereit, wenn nochmals der eiserne Würfel fallen sollte, sein Blut für die Freiheit hinzuspritzen. [17]

Aber schon findet sich der „besonnene" Satz:

Es sollte nicht sein, und es ist ein Glück, denn wir würden am Abend ganz einfach bei der Republik angelangt sein. [17]

Und im Januar 1849 konstatierte er nüchtern:

Laß mich nur in Kurzem sagen, daß ich im Anfang ganz berauscht von dem Weine der neuen Zeit war, daß mich leider aber bald die gemeine Wirklichkeit der Dinge zur Vernunft zurückbrachte und daß ich die Genugtuung hatte, einer der ersten in meinem Freundeskreise als grämlicher Reaktionär verschrien zu werden, worunter man hier alle solche versteht, die nicht dem plattesten Radikalismus huldigen. [16]

In den Jugendbriefen äußerte er wiederholt herbe Kritik an den gerade regierenden Preußenkönigen Friedrich Wilhelm III. und nach 1840 Friedrich Wilhelm IV. Und Prinz Wilhelm, später als König und Kaiser hoch gelobt, war noch der „Volksmörder". 1850 konstatierte er noch: „Der politische Zustand ist schrecklich. Laß mich davon schweigen." [16]

Noch war das Reich nicht unter Preußens eiserner Faust zusammengezwungen. Noch war das Bündnis der Bourgeoisie mit der feudalen Reaktion nicht vollzogen. Dann aber wurde Deutschland zu einer führenden Industriemacht und erlangte auch in der Wissenschaft Vorrangstellung. Die Wissenschaftler, früher geschmälert und schlecht dotiert, wurden stärker gefördert und vom Glanze der herrschenden Klasse angestrahlt. Es wurde mehr in die Forschung investiert, da es sich auszahlte. Opposition, früher die Regel bei den Wissenschaftlern, wurde zur Ausnahme. Du Bois vollzog die charakteristische Entwicklung mit. Nur selten klingen Vorbehalte und schnell wieder selbst zerstreute Bedenken durch:

Es wäre traurig, wenn Deutschland seine Stelle unter den Völkern nur erringen sollte auf Kosten der Güter, die ihm sonst die teuersten sind; die in Zeiten der Erniedrigung ihm Trost gewährten und als Feuersäule den Weg durch die Wüste wiesen; wenn es die Kleinstaaterei nicht los werden könnte, ohne von der geistigen Höhe herabzusteigen, die es zum Teil allerdings ihr verdankt; wenn es nicht aufhören könnte zerrissen zu sein wie Hellas, ohne barbarisch zu werden wie Rom. [7, Bd. I, S. 352/353]

Und obwohl das preußische Herrscherhaus im allgemeinen gepriesen wird, finden sich auch solche Feststellungen: „Nach Friedrichs Tode verschlechterte sich manches in Preußen." [7, Bd. I, S. 427] Selbst vor Friedrich II. macht seine Kritik nicht halt:

> Gewiß war Friedrichs Regierung nur ein sogenannter aufgeklärter Despotismus, und in Preußens damaligen Staatsformen lagen nur schwache Bürgschaften für das allgemeine Wohl. Leibeigenschaft, Zunftwesen, Staatsmonopole, geworbenes Heer, ausschließlich adliges Offizierkorps, Prügelstrafe, Judenunterdrückung sind Dinge, von denen eine weite geschichtliche Kluft uns trennt; eine Kluft, welche, wir gestehen es gern, bei Gelegenheit jener dadurch für uns heilsam gewordenen Erschütterungen entstand. [7, Bd. I, S. 427]

Legendären preußischen Tugenden wie Pflichtgefühl, Rechtsbewußtsein, Denkfreiheit, strenger Sitte und guter Wirtschaft gilt sein Lob. Ehrenhaft, sparsam und edel seien die Preußen und mehr oder weniger alle Deutschen:

> Wir das genügsamste, wir das gemäßigste, wir das gerechteste, langmütigste, friedliebendste Volk, das die Erde kennt. ... Wir verlangten nichts, als im Frieden unter unserem rauhen Himmel unseren oft kümmerlichen Acker bauen, die geringen Hilfsquellen unseres Landes durch unseren Fleiß entwickeln, unseren Handel schützen, und eins sein zu dürfen mit unseren Brüdern gleicher Zunge, soweit sie selbst uns entgegenkamen. Nie mit Einem Gedanken begehrten wir fremdes Land. [7, Bd. I, S. 397]

Ganz anders seien die Franzosen:

> Wie das Wild da ist, um geschossen zu werden, sind andere Völker da, damit die Franzosen an ihnen ihr Mütchen kühlen. [7, Bd. I, S. 412]

Ihr Nationalcharakter wird als eine Sammlung schlechter Eigenschaften geschildert. Sie seien oberflächlich, ruhmredig und eitel. Dennoch werden ihnen gewisse Verdienste und positive Züge ritterlich eingeräumt. Das aber spreche sie nicht frei:

> Der Verbrecher, den ich meine, gefährlicher als Louis Napoléon selber, weil unabsetzbar und unsterblich, ist das ganze französische Volk. [7, Bd I, S. 400]

Man kann sich des Eindrucks nicht erwehren, daß du Bois, „selber fast rein keltischen Blutes und halb französischer Erziehung", [7, Bd. I, S. 401] glaubte, seine preußische Erziehung desto krasser beweisen zu müssen, hatte er sich doch am Morgen nach der Kriegserklärung bei seinen Studenten für seinen französischen Namen entschuldigt.

In der Rede „Der deutsche Krieg" (August 1870) findet sich der berüchtigste Ausspruch:

Die Berliner Universität, dem Palaste des Königs gegenüber einquartiert, ist durch ihre Stiftungsurkunde das geistige Leibregiment des Hauses Hohenzollern. [7, Bd. I, S. 418]

Allerdings begegnete der Rektor hier dem Vorwurf, daß die Universität noch keine Loyalitätserklärung abgegeben habe. Er rettet sich in die Folgerung: „Erwartet man von einem Garderegiment, daß es seine Ergebenheit beteuere?" [7, Bd. I, S. 418]
Man muß bedenken, daß die nationale Überheblichkeit im Zuge der kapitalistischen Entwicklung Deutschlands zunahm und allgemein verbreitet war. Sie steigerte sich in besonderem Maße in den Monaten vor Ausbruch des Krieges mit Frankreich. Hiervon wurde auch die Haltung bedeutender Wissenschaftler bestimmt. Derartigen Äußerungen, die sich hier und in der Rede „Das Kaiserreich und der Friede" (Januar 1871) finden, stehen bei du Bois-Reymond wiederholte Warnungen vor dem Chauvinismus entgegen, die er vor und nach Abklingen der akuten patriotischen Erregung getan hat. Mehrfach hat er den internationalen Charakter der Wissenschaft betont und, selbst in der Rede von 1871, die wissenschaftlichen Verdienste der Franzosen und ihre engen Beziehungen zur Berliner Akademie.
Zu einer Revision der bisherigen Einschätzung veranlassen die kürzlich von S. R. Mikulinskij veröffentlichten Briefe von du Bois an Alphonse Decandolle, aus denen eine tiefe Unzufriedenheit mit der Verwaltungsbürokratie, den Geldausgaben für die Rüstung, dem Niedergang der Berliner Universität, die von 1871 bis 1873 ein Drittel ihrer Studenten verloren habe, und der Verschleppung seines Institutsbaues hervorgehen, die ihn dazu veranlaßten, sich inoffiziell für eine Berufung nach Genf in Vorschlag zu bringen [42] – und das zwei Jahre nach dem glorreichen Sieg über Frankreich und der Gründung des gefeierten Deutschen Kaiserreiches.
Hervorzuheben ist auch, daß du Bois immer wieder dem Antisemitismus entgegengetreten ist. Ein deutschtümelnder Biograph machte ihm geradezu seinen Philosemitismus zum Vorwurf und die Tatsache, daß viele seiner bedeutenden Schüler Juden waren. [10]

Philosophisch war Emil du Bois-Reymond de facto Materialist, auch wenn er die verpönte Bezeichnung nicht auf sich angewandt hat. Er war naturwissenschaftlicher Materialist, d. h., die Hauptquelle seines Materialismus war die Naturwissenschaft, sein Materialismus war nicht immer konsequent und war im wesentlichen auf den Bereich der Natur eingeschränkt, wurde aber, was die Sache betrifft, bewußt und kämpferisch vertreten. Der eklektizistische Ursprung des naturwissenschaftlichen Materialismus, der sich mehr oder weniger in der eigenen Arbeit als Naturforscher und in persönlicher Auseinandersetzung mit philosophischen Gedanken bildete, aber nicht schulmäßig und als geschlossene Lehre übermittelt wurde, sowie individuell variierende Inkonsequenzen und beibehaltene idealistische Vorstellungen bedingen eine Vielgestaltigkeit dieser Haltung je nach ihrem Vertreter. So schloß sich du Bois trotz gedanklicher Verwandtschaft nicht den Monisten an, und zwischen ihm und Ernst Haeckel kam es wiederholt zu Plänkeleien über weltanschauliche Fragen.
Du Bois war philosophisch sehr belesen und wurde nachweislich durch die französischen Materialisten, besonders durch La Mettrie beeinflußt. Doch ist seine Auffassung nicht dem mechanischen Materialismus des 18. Jahrhunderts gleichzusetzen. Sie zeigt an manchen Stellen Ansätze dialektischen Denkens, bedingt durch die neuen Ergebnisse der Naturwissenschaften und die zunehmend adäquatere Widerspiegelung der objektiven Realität. Er vertrat auch nicht den Vulgärmaterialismus wie Karl Vogt, Jacob Moleschott und Ludwig Büchner. Geprägt wurden seine Ansichten sowohl durch die Auseinandersetzung mit der Entwicklung von Wissenschaft und Philosophie in Frankreich und Deutschland, als auch durch die Begegnung mit Persönlichkeiten wie Alexander von Humboldt und Johannes Müller, vorwiegend induktiven Naturforschern mit überwundenen oder beibehaltenen Vorbehalten, ferner in der Diskussion mit gleichgesinnten Freunden, aber auch mit Andersgesinnten, nicht zuletzt durch die eigene experimentelle Arbeit und die damit zusammenhängenden Literaturstudien und Polemiken. Die Jugendbriefe spiegeln die Auseinandersetzungen wider, aber sie zeigen keine eigentliche Entwicklung. Von Anfang an tritt uns eine ausgeformte Haltung entgegen, die ihre Fixierung schon früher, in Elternhaus und Schule, erfahren haben muß, dann gewiß mehr in Opposition als durch die Übernahme tradierter

Ansichten. Doch darf man die Zeiteinflüsse des sich emanzipierenden Bürgertums nicht außer acht lassen.

Die Ablehnung des „Supernaturalismus" läuft praktisch auf Atheismus hinaus. Theologische Interpretations- und Herrschaftsansprüche wurden jederzeit und mit gewohnter Pointierung zurückgewiesen. Es ist kein Wunder, daß auch die Gegenreaktion heftig war. Der Hofprediger Adolf Stöcker intervenierte 1883 sogar im Preußischen Landtag, wo er „freilich erfuhr, daß in Preußen die Zeit für die Einführung der Inquisition noch nicht gekommen sei". [8, S. 290] Daraufhin versuchte er zur Selbsthilfe zu greifen und forderte die Berliner auf, die Fensterscheiben des Physiologischen Instituts einzuwerfen. Aber er fand auch bei ihnen kein Gehör. Um derartige Reaktionen auszulösen, genügte es schon, sich das Hineinreden in die Naturwissenschaften zu verbitten, den Darwinismus zu vertreten oder eine Reduzierung des Religionsunterrichts in den höchsten Schulklassen vorzuschlagen. Es war nicht einmal erforderlich, den Materialismus auf Gesellschaft und Kultur anzuwenden, denn das hat er nur in wenigen Fällen getan. Zu Recht stellt S. Wollgast fest:

> Du Bois-Reymonds weltanschauliche Grenzen kommen in seinen Gesellschaftsauffassungen ganz eindeutig zum Ausdruck. [63]

Schon Franz Mehring hat seine idealistischen Geschichtsauffassungen kritisiert. Von Karl Marx und Friedrich Engels bleibt der sonst so belesene und zur Stellungnahme bereite du Bois unberührt. Dafür erwähnt er einmal Eugen Dühring in zustimmendem Sinne, den er aber an anderer Stelle [15] erheblich kritisiert. Die Arbeiterbewegung hielt er für eine vorübergehende „Volksklassenpsychose".

In den Naturwissenschaften aber wird die Alleinherrschaft eines mechanischen Materialismus postuliert. Dialektisches ist nicht beabsichtigt, findet sich höchstens beiläufig und wird nicht als Ansatz zur Überwindung bemerkt.

> Naturerkennen - genauer gesagt naturwissenschaftliches Erkennen der Körperwelt mit Hilfe und im Sinne der theoretischen Naturwissenschaft - ist Zurückführen der Veränderungen in der Körperwelt auf Bewegungen von Atomen, die durch deren von der Zeit unabhängige Zentralkräfte bewirkt werden oder Auflösen der Naturvorgänge in Mechanik der Atome. Es ist psychologische Erfahrenstatsache, daß, wo solche Auflösung gelingt, unser Kausalitätsbedürfnis vorläufig sich befriedigt fühlt. Die Sätze der Mechanik

sind mathematisch darstellbar und tragen in sich dieselbe apodiktische Gewißheit wie die Sätze der Mathematik. Indem die Veränderungen in der Körperwelt auf eine konstante Summe von Spannkräften und lebendigen Kräften, oder von potentieller und kinetischer Energie zurückgeführt werden, welche einer konstanten Menge von Materie anhaftet, bleibt in diesen Veränderungen selber nichts zu erklären übrig. [8, S. 55]

Wie in seiner Elektrophysiologie exemplifiziert, ist für ihn Naturwissenschaftliches letztlich auf eine Billardkugelmechanik einzuschränken, die sich theoretisch in einer Weltformel niederschlagen könnte, aus der alle früheren oder bevorstehenden Zustände der Welt errechenbar wären. Aber selbst dann könnte nur etwas über die Verteilung der Atome ausgesagt werden, nicht über ihre Natur. Du Bois sieht mit vollem Recht, daß ein derart mechanisches Naturerkennen, wie er es für unüberschreitbar hält, nur eine grundsätzlich eingeschränkte Erkenntnis ermöglicht. Er weiß wohl, daß die von ihm angenommenen Atome, unteilbar, träge, vollkommen hart, eine Fiktion sind, physikalisch (angeblich) brauchbar, aber philosophisch „bei näherer Betrachtung ein Unding". [8, S. 60] Mechanisches Naturerkennen, das ihm einzig Denkbare, reicht also zwar für (seine) Physik und ihre technische Nutzanwendung,

Gegenüber dem Rätsel aber, was Materie und Kraft seien, und wie sie zu denken vermögen, muß er ein für allemal zu dem schwerer abzugebenden Wahrspruch sich entschließen: „Ignorabismus". [8, S. 77]

Mit „er" meint er hier nicht sich selbst, sondern auch jeden Wissenschaftler nach ihm.

Als Antivitalist hielt er das Leben für grundsätzlich mechanisch erklärbar, hier herrschen ja im Grunde die gleichen Bewegungsgesetze der gleichen Atome, nur daß die Organismen von einem ständigen Strom von Materie und Energie durchsetzt werden und sich im dynamischen statt im statischen Gleichgewicht befinden. Ebenso nahm er an, daß das Leben dereinst aus Unbelebtem entstanden sei.

Die zweite Erkenntnisgrenze bestehe in der Unerklärbarkeit des Bewußtseins aus rein materiellen Vorgängen. Du Bois läßt keinen Zweifel darüber, daß das Bewußtsein an bestimmte Hirnprozesse gebunden ist, erst auf bestimmter Entwicklungsstufe der Materie sekundär auftritt. Er nimmt in der Frage nach dem Verhältnis von Materie und Bewußtsein, von Körper und Psyche eine völlig materialistische Position für sich in Anspruch. Aber er hält es für ewig unerklärbar, warum und wie Empfindung in der Materie entsteht.

Es wäre grenzenlos interessant, wenn wir so mit geistigem Auge in uns hineinblickend die zu einem Rechenexempel gehörige Hirnmechanik sich abspielen sähen wie die Mechanik einer Rechenmaschine; oder wenn wir auch nur wüßten, welcher Tanz von Kohlenstoff-, Wasserstoff-, Stickstoff-, Sauerstoff-, Phosphor- und anderen Atomen der Seligkeit musikalischen Empfindens, welcher Wirbel solcher Atome dem Gipfel sinnlichen Genießens, welcher Molekularsturm dem wütenden Schmerz beim Mißhandeln des N. trigeminus entspricht. [8, S. 69/70]

Aber keine Molekülbewegung könne das Empfinden und Denken erklären:

Durch keine zu ersinnende Anordnung oder Bewegung materieller Teilchen aber läßt sich eine Brücke ins Reich des Bewußtsein schlagen. [8, S. 69/70]

Das 1872 in der Rede „Über die Grenzen des Naturerkennens" vor der 45. Versammlung Deutscher Naturforscher und Ärzte ausgesprochene „ignorabimus" wurde zunächst kühl aufgenommen, erregte dann aber nachhaltig die Gemüter. Selbst die Idealisten und Agnostizisten konnten mit der bis an die letzte Grenze konsequent gehaltenen materialistischen Konzeption nicht einverstanden sein.
Acht Jahre später sah sich du Bois genötigt, sich in einer Leibniz-Rede der Akademie mit Mißverständnissen seines „ignorabimus" auseinanderzusetzen. Auf den ersten Blick konnte es scheinen, als habe er die Erkenntnisgrenzen nun noch enger gezogen, denn er nannte die Rede „Die sieben Welträtsel" (1880). Waren aus zwei prinzipiellen Grenzen sieben geworden? Nein, er räumte gegenüber Kritikern, die Erkenntnisgrenzen an anderer Stelle sahen, sieben „dem Begreifen der Welt sich widersetzende Schwierigkeiten" ein, als unüberwindlich verzeichnete er aber neben den früheren „das Wesen von Materie und Kraft" und „das Entstehen der einfachen Sinnesempfindung" betreffenden nur noch „den Ursprung der Bewegung", gleichsam eine Unterabteilung der erstgenannten Erkenntnisgrenze. Die Entstehung des Lebens, die Zweckmäßigkeit der organischen Natur, Denken und Sprache und die Willensfreiheit dagegen erschienen ihm nicht als prinzipielle oder nicht als zusätzliche Erkenntnisschranken. Leben, Denken und Sprache erklärte er durch stufenweise Naturentwicklung, die

Willensfreiheit aber sei entweder ein Scheinproblem, ein nur subjektives Freiheitsgefühl bei mechanischer Determiniertheit oder eine sekundäre Schwierigkeit hinter der schon unlösbaren Bewußtseinsfrage. Die Teleologie aber mußte er als von außen verliehene organische Zweckmäßigkeit entschieden ablehnen, ohne als Physiologe die angepaßte Organisiertheit der Organismen bestreiten zu können. In diesem Dilemma schien ihm Darwin, dessen Lehre er in ihrer Bedeutung erkannte, außerordentlich schätzte und propagierte, eine Möglichkeit gezeigt zu haben,

> die innere Zweckmäßigkeit der organischen Schöpfung sowohl wie ihre Anpassung an die unorganischen Bedingungen durch eine nach Art eines Mechanismus mit Naturnotwendigkeit wirkende Verkettung von Umständen zu erklären. [8, S. 169]

Bei genaueren Untersuchungen erweist sich Emil du Bois-Reymond also nicht als der erkenntnisfeindliche Agnostizist, als der er heute noch vielen gilt. Er sieht vielmehr mit vollem Recht die eingeschränkte Gültigkeit eines mechanischen Materialismus, den er nicht zu überschreiten vermochte. Es ist daher den Urteilen der beiden Wissenschaftler, die sich in unserer Republik mit du Bois und seiner Bedeutung für die fortschrittlichen Traditionen der Wissenschaft beschäftigt haben, des Wissenschaftshistorikers Friedrich Herneck und des Philosophen Siegfried Wollgast, voll zuzustimmen:

> Bei allen Grenzen seines mechanistischen Denkens erscheint uns Emil du Bois-Reymond heute als einer der großen Materialisten und Atheisten in der Geschichte der Naturwissenschaft. Es ist sein Verdienst, daß er im Kampf gegen die idealistisch-spekulative Naturphilosophie seiner Zeit die Traditionen des Materialismus der französischen Aufklärung bewußt fortgesetzt hat. [28]
>
> Du Bois-Reymond gebührt ein Ehrenplatz auch in der Geschichte der Philosophie in Deutschland. Er gehört zu jenen Naturforschern, die bis in die Anfänge des Imperialismus hinein den Materialismus gegen Idealismus und Religion mannhaft verteidigten. [63]

Ausklang

Über den Wirkungskreisen haben wir das Privatleben des großen Berliner Physiologen aus den Augen verloren. Tatsächlich trat es hinter den vielen Aufgaben in den Hintergrund, verlief in Ruhe und ohne Auffälligkeiten. Von den ersten Tagen des fachbezogenen Studiums bis zum Tode ist er Berlin und seiner Universität treu geblieben. Erst mit dem Tod schied der 78jährige aus seinen Ämtern aus. Berliner war er von Geburt; außer in einem auswärtigen Studiensemester und auf Reisen hat er immer in der Hauptstadt des Preußischen Königreiches und seit 1871 auch des Deutschen Kaiserreiches gewohnt. Selbst die Wohnung wechselte er nicht allzu häufig. Bis 1845 wohnte er im Elternhaus in der Potsdamerstraße 36 A, dann allein in der Karlstraße (heute Reinhardstraße) 21, 1850 zog er nach nebenan, mit eigenen Möbeln „wie ein Prinz" in die Karlstraße 20. Im Jahre 1860 kaufte er für die sich vergrößernde Familie neben der Stadtwohnung ein Sommerhaus in Potsdam am Fuße des Kapellenberges. Und 1876 bezog die Familie das große Direktorwohnhaus in der Neuen Wilhelmstraße 15 (Abb. 13), westlich an das neue Institut anschließend. Es sollte schon 1875, zwei Jahre vor dem Institut, fertig werden. Weil die Fertigstellung sich verzögerte und die Mietwohnung in der Viktoriastraße 17 bereits gekündigt war, mußte er den Winter 1875/76 im Hotel de Rome wohnen, Unter den Linden, neben dem Akademiegebäude, während die Familie in Potsdam lebte.

Auch die Reisen hielten sich im Rahmen: Mit den Eltern fuhr er 1830/31 für gut ein Jahr in die Schweiz, nach Neuenburg; als Student reiste er verschiedentlich in Deutschland, einmal, 1839, kam es in Jena zu einer Zufallsbegegnung mit Matthias Jakob Schleiden, dem Verallgemeinerer der pflanzlichen Zellenlehre. Theodor Schwann lernte er erst 10 Jahre später, ebenfalls auf einer Reise, persönlich kennen. 1850 war er zum ersten Mal in Paris, 1852 in Italien, 1852 bis 1855 mehrfach in England, von wo er seine 1833 geborene entfernte Verwandte Jeannette Claude 1853 als seine

Ehefrau in ihre Geburtsstadt Berlin zurückbrachte. Karl Ludwig, der 1854 mit ihr zusammentraf, charakterisierte sie seinem Freund und ihrem Ehemann gegenüber mit folgenden Worten:

Wie ist sie meinen Erwartungen entgegen gestaltet; ich hatte mehr französisches Blut erwartet, das in Englands freier Luft zur höchsten Exaltation gesteigert war; ich dachte mir ein anspruchsvolles und Huldigung gebietendes Wesen und statt dessen eine entschiedene aber aufmerksame und vernünftige Dame. Nun, ich hätte mir das im voraus sagen können, wenn ich, mir Dich statt im jugendlichen Pathos, das Dir so stolz stand, im denkenden Alter vorgestellt hätte. Du wirst glücklich sein mit einem Wesen, das Deine energische Natur vertragen kann, das Dich stützt, ohne unter Deiner Wucht zusammenzufallen. [13]

Als Tochter eines Kaufmanns war sie vorwiegend in Chile und nach dem Tode ihres Vaters in England aufgewachsen und bereicherte dadurch die internationale Kultur der deutsch- französischen Familie weiter. Auch die Großeltern lernten noch die meisten Kinder des Physiologen kennen, sein Vater starb 1865, wenige Monate nach der Mutter (1864). Emil und Jeannette du Bois-Reymond hatten zehn Kinder. Eine Tochter starb früh. Die Söhne Claude (1855–1925) und René (1863–1938) studierten Medizin, Claude wirkte als Dozent für Augenheilkunde an der Berliner Universität und von 1907 bis 1913 als Professor für Physiologie in China, René wurde schließlich ebenfalls Physiologe wie der Vater und arbeitete an dessen Institut (bis 1928). Allard und Felix studierten Mathematik bzw. Technik. Von den Töchtern machte sich Estelle (1865–1955) als Herausgeberin der Reden in der zweiten erweiterten Auflage und der Hallmann- und Ludwig-Briefe ihres Vaters [7, 16, 17] sowie als Übersetzerin verdient. Ellen, Lucie (1858–1915) und Rose widmeten sich der Malerei und dem Kunstgewerbe, Aimée (1862–1941) heiratete den Göttinger Ordinarius für Mathematik Carl David Tolmé Runge (1856–1927).

Emil du Bois-Reymond wird als liebevoller Vater geschildert, der es aber gewiß auch an Strenge nicht fehlen ließ. Krankheiten der Kinder stürzten ihn in Sorge und veranlaßten ihn, täglich zwischen Berlin und Potsdam hin und her zu fahren. Sein dringender Wunsch, daß sich die Söhne den Naturwissenschaften oder der Medizin zuwenden mögen, ist in Erfüllung gegangen.

Du Bois erfreute sich einer ausgezeichneten Gesundheit bis auf ein Hüftleiden in späteren Jahren und sich allmählich häufende Altersbeschwerden. Er war in der Jugend ein begeisterter Turner.

Auf dem Turnsaal hat er 1838 den Freund und Mentor Eduard Hallmann kennengelernt. In seiner Rede „Über die Übung", 1881 bezeichnenderweise vor den militärärztlichen Bildungsanstalten gehalten, unterstrich er, daß Leibesübungen in erster Linie die Bewegungskoordination trainieren, also mehr Nerven- als Muskelgymnastik seien, und gab aus diesem Grunde dem deutschen Turnen den Vorzug vor der schwedischen Gymnastik, aber auch vor den englischen mehr angewandten und spezialisierten Sportarten. Richtig sah er die zunehmende Bedeutung der Leibesübungen für die „moderne Kulturmenschheit". Besondere Publikationen (1862, 1863) widmete er dem Barrenturnen.
Du Bois war mittelgroß und von kräftiger Statur, sein Gesicht hatte bei aller etwas feierlich versammelten Würde einen leicht faunischen Ausdruck, was sich gut mit seinem oft etwas sarkastischen Humor vertrug.

Man hätte ihn nach seinem Äußeren auf den ersten Blick für einen Mann eines schweren Handwerks gehalten; freilich das etwas tief in den Schultern sitzende gewaltige Haupt mit den lebhaft glänzenden Augen und gar das lebhafte Mienenspiel seines ausdrucksvollen Gesichtes beim Sprechen zeigten, daß man es mit einem Manne zu tun hatte, der, wenn nöthig, mit körperlicher Kraft und Ausdauer schwerste und anstrengendste geistige Arbeit zu verrichten gewohnt war. [23]

Trotz einer gewissen stolzen Zurückgezogenheit wird er als herzlich und hilfsbereit geschildert. Er haßte Streber, aber förderte Talente:

Es gelang nur denen, sich ihm zu nähern, welche ihm einen wissenschaftlichen Gedanken entgegen brachten. [9]

Aber eine spontane und unkomplizierte Herzlichkeit dürfte nicht zu seinen dominierenden Wesensmerkmalen gehört haben. Der Briefwechsel mit Ludwig [17] zeigt ihn darin dem liebenswerten Partner unterlegen, der manchmal mit feiner Ironie auf die Eigenheiten des Freundes anspielt. Auch Ludwigs Bitten auf Instrumenten- und Gerätebeschaffung ist er nicht gerade eilig nachgekommen. Mehrmals haben sich die beiden Freunde „verfehlt", wenn Ludwig, selten einmal, in Berlin war. Wie in seinen Äußerungen war du Bois auch in der Beurteilung anderer kein Vertreter eines ausgeglichenen Mittelmaßes. Was er in jungen Jahren von sich schrieb:

> Es ist mir leider oft genug in meinem Leben geschehen, daß ich rasch für Personen, gemeiniglich auf einen leichten äußeren Grund hin, eine flammende Vorliebe gewann, dann nach und nach diese sich abkühlen fühlte und endlich jene laufen ließ, [16]

scheint auch im Alter noch gegolten zu haben, obwohl gerade die Brieffreundschaften [15, 16, 17] von Dauer waren.

Als Gegner war er scharf, aber sachlich, wenn auch nicht immer unvoreingenommen. Obwohl er sich manchmal auch selbstkritisch und zweifelnd, ja bescheiden, äußerte, war er doch im allgemeinen von seinen Überzeugungen nicht abzubringen, selbst wenn sie kaum noch ein anderer teilte. Im Vergleich zu Zeitgenossen, auch eigenen Schülern, ist er niemals in einem Maße in der Polemik persönlich und ausfallend geworden, wie es in den letzten Jahrzehnten des Jahrhunderts üblich war und in endlosen Erwiderungen die Fachpresse durchzog. Als Chef war er autark bis despotisch. Dieser Leitungsstil scheint von manchen seiner Schüler und Schülersschüler tradiert, kopiert und überboten worden zu sein.

Ein lebensvolles Bild des alternden du Bois-Reymond malt uns Bruno Heymann in seiner Robert-Koch-Biographie:

> Die Tür tut sich auf, und mit etwas schlürfenden, den einen Fuß nachschleifenden Schritt tritt *du Bois-Reymonds* ansehnliche Gestalt ein. Gewohnt, Fremde in seinem Institut zu sehen, scheint er uns gar nicht zu bemerken. Er ist grau geworden, seitdem wir als Hörer zu seinen Füßen saßen; aber Haltung und Ausdruck verraten noch immer die Willenskraft und Geistesschärfe, die ihn zur Höhe hoben: noch immer diese gefurchte Grübler-Stirn, die den Gedanken nicht ertragen kann, daß andere, Spätere, über sie hinauszudenken vermöchten, noch immer diese schmalen, zusammengepreßten Lippen, die im stolzen Selbstbewußtsein das vielbefehdete ‚Ignorabimus‘ prägten. [31]

In höherem Alter mag er vielleicht weniger kämpferisch, dafür aber isolierter und starrer geworden sein:

> Freilich darf man sich nicht darüber täuschen, daß Alter und Kränklichkeit in den letzten Jahren ihm die Möglichkeit, sich modernen Anschauungen anzupassen, sehr erschwert haben. In dieser Beziehung an ihn herantretende Wünsche seiner Untergebenen pflegte er nicht abzulehnen, sondern er erklärte „dieselben in Erwägung ziehen zu wollen“, womit die Sache ein Ende hatte. [22]

Erst unter seinem „liberalen“ Nachfolger Theodor Wilhelm Engelmann erhielten Luft und Licht in erhöhtem Maße Eingang in das Institut. Endlich an der Schwelle des neuen Jahrhunderts wurde die Gasbeleuchtung durch elektrisches Licht abgelöst. Paradox klingt die Feststellung aus dem Stammhaus der Elektrophysiologie: „Vor ihm hatte das Institut noch wenig davon gemerkt, daß wir im Zeitalter der Elektrizität leben." [22] Studenten, Mitarbeitern, der Wissenschaft und dem Ruf des Seniors wäre mit einer rechtzeitigen Emeritierung besser gedient gewesen.

Als er am Beginn des Wintersemesters 1896 erkrankte, plagte den Pflichteifrigen nur die Sorge, recht bald wieder mit der Vorlesung beginnen zu können. Es sollte nicht mehr dazu kommen. Am 26. Dezember 1896 starb er an Altersveränderungen der Gefäße.

Drei Tage später fand die Trauerfeier in seinem Hörsaal statt, von wo der Sarg auf den Friedhof der Französischen Gemeinde in der Chausseestraße überführt wurde. Knapp einen Monat später gedachte die Physikalische und die Physiologische Gesellschaft zu Berlin in einer gemeinsamen Sitzung ihres langjährigen Vorsitzenden; I. Rosenthal, der vor 38 Jahren der erste Assistent von du Bois geworden war, hielt die Gedenkrede. [50]

Zu Lebzeiten ist Emil du Bois-Reymond vielfach geehrt worden. Er erhielt den Titel „Geheimer Medizinalrat" und die Orden, die das Preußische Königreich und das Deutsche Kaiserreich für seine Prestigewissenschaftler bereit hielt bis hin zu der „großen goldenen Medaille für Wissenschaft". Die Akademie verlieh ihm die Helmholtz-Medaille bei ihrer Stiftung anläßlich des 70. Geburtstages des großen Physikers und engen Freundes (1892). Bis 1971 ist sie nur an 22 Wissenschaftler verliehen worden.

Wir ehren in Emil du Bois-Reymond den Begründer der neueren Elektrophysiologie, den Mitbegründer der neuen Physiologie und damit der naturwissenschaftlichen Medizin und einen streitbaren Hauptvertreter des naturwissenschaftlichen Materialismus.

Chronologie

1818 Emil du Bois-Reymond wird am 7. November in Berlin geboren.
1830/31 Einjähriger Aufenthalt mit den Eltern in der Schweiz.
1837 Abitur am französischen Gymnasium in Berlin.
Unentschlossenes Studieren in Berlin und Bonn, wobei sich das Interesse schließlich der Mathematik und den Naturwissenschaften zuneigt.
1838 Bekanntschaft mit Hallmann, der die Berufswahl maßgeblich beeinflußt.
1839 Begegnung mit Schleiden in Jena. Beginn des Medizinstudiums in Berlin und Bekanntschaft mit J. Müller.
1841 Beginn der Beschäftigung mit der Elektrophysiologie auf Anregung von J. Müller und in Verbindung mit A. v. Humboldt. Bekenntnis zur restlosen Rückführbarkeit der Lebenserscheinungen auf physikalische Phänomene.
Du Bois gründet in Berlin einen „jüngeren Naturforscherverein", dem neben ihm und Brücke vier junge Physiker und Chemiker angehören.
1843 Im Januar erste Publikation zur Elektrophysiologie. Am 10. 2. Promotion zum Dr. med.
1845 Der „jüngere Naturforscherverein" von 1841 geht in die Physikalische Gesellschaft zu Berlin auf, die sich um Magnus gebildet hat und der du Bois später jahrzehntelang vorsteht. Du Bois zieht aus dem Elternhaus in die Karlstraße (heute Reinhardtstraße).
1846 Habilitation. Am 31. 12. stellt du Bois dem Leutnant Siemens den Mechaniker Halske vor; beide sind Mitglieder der Berliner Physikalischen Gesellschaft.
1847 Helmholtz stärkt mit seiner Abhandlung „Über die Erhaltung der Kraft" die antivitalistische Position der neuen Physiologie entscheidend. Beginn des lebenslangen Briefwechsels mit Ludwig, der die gleichen Auffassungen über die physikalisch-chemische Fundierung der Physiologie vertritt.
1848 Du Bois begrüßt die bürgerliche Revolution – aber beteiligt sich nicht. Veröffentlichung des ersten Bandes der „Untersuchungen über thierische Elektricität" nach sechsjähriger experimenteller Arbeit. Brücke, der enge Freund und Mitstreiter, verläßt Berlin und geht als a. o. Professor für Physiologie und Allgemeine Pathologie nach Königsberg (heute Kaliningrad). Helmholtz wird an seiner Stelle Gehilfe bei Müller.
1849 Persönliche Bekanntschaft mit Schwann. Veröffentlichung der er-

sten Abteilung des zweiten Bandes der „Untersuchungen". Helmholtz geht als Nachfolger von Brücke nach Königsberg. Durch die Pensionierung des Vaters gezwungen, übernimmt du Bois die Gehilfenstelle bei J. Müller (bis 1855) und die Stelle als Anatomielehrer an der Berliner Kunstakademie (bis 1853), die beide vorher Helmholtz innegehabt hatte.

1850 (Ostern) Reise nach Paris zu elektrophysiologischen Versuchsdemonstrationen vor einer Kommission der Akademie auf Empfehlung von A. v. Humboldt.

1851 Du Bois-Reymond wird Mitglied der Preußischen Akademie der Wissenschaften.

1852 Ludwig veröffentlicht den ersten Band seines Lehrbuches der Physiologie; du Bois bezeichnet ihn als „Fahnenträger der Schule". Erste Reise nach England.
Italienreise.

1853 Eheschließung mit Jeannette Claude. Du Bois erhält ein Arbeitszimmer im Anatomischen Museum des Universitätsgebäudes Unter den Linden.

1854 Geburt der Tochter Ellen.

1855 Berufung zum außerordentlichen Professor mit 200 Talern Jahresgehalt. Aufgabe der Gehilfenstelle am Anatomischen Museum. Geburt des Sohnes Claude (gest. 1925).

1856 Der zweite Band des Lehrbuchs der Physiologie von Ludwig erscheint.

1857 Elektrophysiologische Arbeiten an Zitterwelsen.

1858 J. Müller stirbt am 28. April. Sein Lehrstuhl wird geteilt. Du Bois-Reymond übernimmt die Physiologie als ordentlicher Professor. Gedächtnisrede auf Johannes Müller vor der Akademie der Wissenschaften. Herausgabe des „Archivs für Anatomie und Physiologie" mit Reichert. Geburt der Tochter Lucie (gest. 1915).

1859 Einrichtung einer Assistentenstelle am Physiologischen Laboratorium, die mit Rosenthal besetzt wird.

1860 Erscheinen weiterer Abschnitte des zweiten Bandes der „Untersuchungen über thierische Elektricität" nach elfjähriger Pause.

1862 Geburt der Tochter Aimée (gest. 1941).

1863 Geburt des Sohnes René (gest. 1938).

1864 Tod der Mutter Minette du Bois-Reymond, geb. Henry, (geb. 1789).

1865 Tod des Vaters Félix-Henri du Bois-Reymond (geb. 1782). Geburt der Tochter Estelle (gest. 1955).

1866/67 Du Bois-Reymond wird Dekan der Berliner medizinischen Fakultät, ebenso 1871/72, 1877/78, 1887/88, 1891/92.

1867 Ständiger Sekretar der Preußischen Akademie der Wissenschaften.

1869 Du Bois-Reymond wird zum ersten Mal Rektor der Berliner Universität und erneut 1882/83.

1872 Rede „Über Geschichte der Wissenschaft" vor der Akademie der

Wissenschaften. Vortrag „Über die Grenzen des Naturerkennens“ auf der 45. Versammlung Deutscher Naturforscher und Ärzte in Leipzig („ignorabimus“).

1874 Du Bois wird Mitglied und Vorsitzender des 1849 in Berlin gegründeten Physiologischen Vereins. Siemens und Virchow werden unter du Bois' Sekretariat in die Akademie aufgenommen (Begrüßungsansprache).

1875 Der Physiologische Verein wird mit dem Verein für Klinische Wissenschaften zur Berliner Physiologischen Gesellschaft unter dem Vorsitz von du Bois-Reymond vereinigt.

1875/77 Herausgabe der „Gesammelten Abhandlungen zur allgemeinen Muskel- und Nervenphysiologie“.

1876 Einzug in das Direktorwohnhaus neben dem Institutsneubau.

1877 Vorlesungen in Köln. Am 6. November Eröffnung des unter du Bois neuerbauten Berliner Physiologischen Instituts in der Dorotheenstraße (heute Clara-Zetkin-Straße).

1880 Rede „Die sieben Welträtsel“ vor der Akademie der Wissenschaften.

1881 Elektrophysiologische Arbeiten an Zitterrochen.

1882 Rede „Über die wissenschaftlichen Zustände der Gegenwart“ vor der Akademie der Wissenschaften und „Goethe und kein Ende“ vor der Berliner Universität. Robert Koch hält am 24. März in der Bibliothek des Berliner Physiologischen Instituts im Rahmen der Berliner Physiologischen Gesellschaft unter Vorsitz von du Bois-Reymond seinen bahnbrechenden Vortrag über die Entdeckung der Tuberkelbakterien.

1884 Letzte Ergänzungen und ein historisch-kritisches Nachwort schließen nach 30 Jahren die „Untersuchungen über thierische Elektricität“ unvollendet ab.

1893 50jähriges Doktorjubiläum; Festansprache von Rudolf Virchow.

1894 Rede „Über Neovitalismus“ vor der Akademie der Wissenschaften.

1895 Gedächtnisrede auf den am 8. 9. 1894 verstorbenen Hermann von Helmholtz vor der Akademie der Wissenschaften.

1896 Emil du Bois-Reymond stirbt am 26. Dezember an Altersveränderungen der Blutgefäße.

Literatur

I. Wichtigste Veröffentlichungen von Emil du Bois-Reymond

[1] Vorläufiger Abriß einer Untersuchung über den sogenannten Froschstrom und über die elektromotorischen Fische. J. C. Poggendorffs Annalen der Physik und Chemie LVIII 1843, No. 1, S. 1–30.

[2] Quae apud veteres de piscibus electricis exstant argumenta. Doktordissertation Berlin 1843.

[3] Untersuchungen über thierische Elektricität. Bd. 1. Berlin 1848. Bd.2, Abt. 1. Berlin 1849.

[4] On Signor Carlo Matteucci's letter to H. Bence Jones. London 1853.

[5] De fibrae muscularis reactione ut chemicis visa est acida. Antrittsprogramm Berlin 1859.

[6] Gesammelte Abhandlungen zur allgemeinen Muskel- und Nervenphysik. 2 Bde. Leipzig 1875–77.

[7] Reden 2. (vervollst.) Aufl. Hrsg. v. du Bois-Reymond, Estelle. 2 Bde. Leipzig 1912.

[8] Vorträge über Philosophie und Gesellschaft. Hrsg. v. Wollgast, S. Berlin 1974.

II. Veröffentlichungen anderer Autoren

[9] Bernstein, J.: Emil du Bois-Reymond. Naturw. Rundsch. XII, 1897. S. 87–92.

[10] Boruttau, H.: Emil du Bois-Reymond. Wien, Leipzig, München 1922.

[11] Brednow, W.: Christoph Wilhelm Hufeland, Arzt und Erzieher im Lichte der Aufklärung. Berlin 1964.

[12] Česnokova, S. A.: Karl Ludvig. Moskva 1973 (russ).

[13] Česnokova, S. A. u. Lindemann, M.: Wissenschaftliche Kontakte zwischen Physiologen aus Rußland und aus Deutschland in der zweiten Hälfte des vorigen Jahrhunderts. Schriftenreihe f. Gesch. d. Naturwiss., Technik u. Med. (NTM) 7 (1970) 1, S. 85–98.

[14] Dannemann, F.: Die Entdeckung der Elektrizität. Leipzig o. J.

[15] Dannemann, F.: Aus Emil du Bois-Reymonds Briefwechsel über die Geschichte der Naturwissenschaften. Mitteilg. z. Gesch. d. Med. u. d. Naturwiss. XVIII 1919, S. 267–274 u. XIX 1920, S. 1–8.

[16] Du Bois-Reymond, Estelle (Hrsg.): Jugendbriefe von Emil du Bois-Reymond an Eduard Hallmann. Berlin 1918.

[17] Du Bois-Reymond, Estelle u. Diepgen, P. (Hrsg.): Zwei große Naturforscher des 19. Jahrhunderts. Ein Briefwechsel zwischen Emil du Bois-Reymond und Carl Ludwig. Leipzig 1927.

[18] Du Bois-Reymond, F. H.: Staatswesen und Menschenbildung umfassende Betrachtungen über die allgemein in Europa zunehmende National- und Privatarmuth, ihre Ursachen und ihre Folgen, die Mittel dazu ihr abzuhelfen. 4 Bde. Berlin 1837/39.

[19] Du Bois-Reymond, F. H.: Kadmus oder allgemeine Alphabetik vom physikalischen, physiologischen und graphischen Standpunkt. Berlin 1862.

[20] Engels, F.: Dialektik der Natur. Marx Engels Werke, Bd. 20. Berlin 1975.

[21] Fortschritte der Physik im Jahre 1845 dargestellt von der Physikalischen Gesellschaft zu Berlin. Bd. I. Berlin 1847. Vorbericht. S. III–X.

[22] Fritsch, G.: Das Physiologische Institut. In: Lenz, M. (Hrsg.): Geschichte der königl. Friedr.-Wilh.-Universität zu Berlin. Halle 1910. Bd. 3. S. 154—163.

[23] Grützner, P.: Du Bois, E. Allgemeine Deutsche Biographie. Bd. 48. Leipzig 1904. S. 118–126.

[24] Guttstadt, A. (Hrsg.): Die naturwissenschaftlichen und medicinischen Staatsanstalten Berlins (Festschrift zur 59. Naturforscher-Versammlung). Berlin 1886.

[25] Harnack, A. von: Geschichte der Preußischen Akademie der Wissenschaften zu Berlin. 3 Bde. Berlin 1901.

[26] Hartkopf, W.: Die Akademie der Wissenschaften der DDR. Ein Beitrag zu ihrer Geschichte. Berlin 1975.

[27] Helmholtz, H. von: Über sich selbst. Leipzig 1966.

[28] Herneck, F.: Emil du Bois-Reymond und die Grenzen der mechanistischen Naturauffassung. In: Forschen und Wirken. Festschrift zur 150-Jahr-Feier der Humboldt-Universität. Berlin 1960. Bd. I. S. 229–251.

[29] Herneck, F.: Emil du Bois-Reymond (mit Textproben). In: Finger, O. u. Herneck, F. (Hrsg.): Von Liebig zu Laue. Ethos und Weltbild großer deutscher Naturforscher und Ärzte. 2. Aufl. Berlin 1963. S. 86–110.

[30] Herneck, F.: Emil du Bois-Reymond. In: Lebensbilder deutscher Ärzte. Leipzig 1966. S. 67–73.

[31] Heymann, B.: Robert Koch. 1. Teil 1845–1882. Leipzig 1932.

[32] His, W. d. Ä.: Lebenserinnerungen und ausgewählte Schriften. Bern u. Stuttgart 1965.

[33] Jahn, I.: Der Einfluß experimentell-botanischer Forschung auf die Wandlungen in der Physiologie von Alexander von Humboldt bis Emil du Bois-Reymond. Schriftenreihe f. Gesch. d. Naturwiss., Technik u. Med. (NTM) 4 (1967) 9, S. 66–83.

[34] Jahn, I.: Die Anfänge der instrumentellen Elektrobiologie in den Briefen Humboldts an Emil du Bois-Reymond. Med.-hist. J. 2 (1967) S. 135–156.

[35] Jahn, I.: Dem Leben auf der Spur. Die biologischen Forschungen Humboldts. Leipzig, Jena, Berlin 1969.

[36] Kastan, I.: Berlin wie es war. 7. Aufl. Berlin 1919.

[37] Königsberger, L.: Hermann von Helmholtz. 3 Bde. Braunschweig 1902/03.

[38] Lange, A.: Berlin zur Zeit Bebels und Bismarcks. Berlin 1972.

[39] Ludwig, C.: Lehrbuch der Physiologie des Menschen. Bd. 1. Heidelberg 1852.

[40] Matschoss, K.: Werner Siemens. 2 Bde. Berlin 1916.

[41] Metze, E.: Emil du Bois-Reymond. Sein Wirken und seine Weltanschauung. 3. Aufl. Bielefeld 1918.

[42] Mikulinskij, S. R.: K biografii É. Djubua-Rejmona (Pis'ma Émilja Djubua-Rejmona Al'fonsu Dekandolju). Istoriko-biologičeskie issledovanija. Vypusk 6. Moskva 1978. s. 161–166.

[43] Müller, J.: Von dem Bedürfniß der Physiologie nach einer philosophischen Naturbetrachtung. Bonn 1825.

[44] Muller, J.: Gedächtnisrede auf Carl Asmund Rudolphi (1835). Abhdlgn. d. Akad. d. Wiss. Berlin 23, 1837, S. XVII–XXXIV.

[45] Müller, J.: Handbuch der Physiologie des Menschen. 2 Bde. Coblenz 1833/1837.

[46] Munk, H.: Die Physiologische Gesellschaft zu Berlin. Rede zur Feier des 25jährigen Bestehens der Gesellschaft. Berlin 1901.

[47] Munk, I.: Zur Erinnerung an Emil du Bois-Reymond. Dt. med. Wochenschr. (1897) S. 17–19.

[48] Naunyn, B.: Erinnerungen, Gedanken und Meinungen. München 1925.

[49] Rosenberger, E.: Felix du Bois-Reymond 1782–1865. Berlin 1912.

[50] Rosenthal, I.: Gedächtnisrede. In [7], S. X–XXXIII.

[51] Rothschuh, K. E.: Geschichte der Physiologie. Berlin (W), Göttingen, Heidelberg 1953.

[52] Ruff, P. W. u. Choinowski, H.: Eine Festgabe für Emil du Bois-Reymond. Wiss. Z. Humboldt-Universität Berlin, Math.-Naturwiss. R. XVI (1967) S. 839–846.

[53] Sachs, C.: Aus den LLanos. Leipzig 1879.

[54] Schipperges, H.: Ärzte um Alexander von Humboldt. Dt. med. Wochenschr. 84 (1959) S. 1653–1657.

[55] Schipperges, H.: Alexander von Humboldt als Geburtshelfer der modernen Physiologie. Medizin Mensch Gesellschaft (MMG), 2 (1977) S. 80–84.

[56] Schleich, C. L.: Besonnte Vergangenheit. Lebenserinnerungen. Leipzig 1977.

[57] Siemens, W. von: Lebenserinnerungen. 3. Aufl. Berlin 1916.

[58] Strube, I.: Justus von Liebig. Leipzig 1975.

[59] Trendelenburg, W.: Sechzig Jahre Berliner Physiologische Gesellschaft. Klin. Wochenschr. 15 (1936) S. 311–316.

[60] Uschmann, G. (Hrsg.): Ernst Haeckel. Forscher, Künstler, Mensch. Briefe ausgewählt und erläutert. Leipzig/Jena 1958.

[61] Virchow, R.: Ansprache an Herrn Geh. Rath du Bois-Reymond bei der Feier seines 50. Doctorjubiläums am 12. Febr. 1893. Berliner Klin. Wochenschr. 30 (1893) S. 198–199.

[62] Virchow, R.: Briefe an seine Eltern 1839–1864. Hrsg. Marie Rabl. Leipzig 1906.
[63] Wollgast, S.: Einleitung des Herausgebers. In: [8], S. V–LX.
[64] Wollgast, S.: Emil du Bois-Reymond (1818–1896). In: Plesse, W. u. Rux, D. (Hrsg.): Biographien bedeutender Biologen. Berlin 1977. S. 197–205.
[65] Wunderlich, C. A.: Wien und Paris. Stuttgart 1841.

Personenregister

Neu in der Reihe

Biographien hervorragender Naturwissenschaftler, Techniker und Mediziner

erscheinen 1981

Band 50

Dr. Renate Tobies, Leipzig
unter Mitwirkung von Fritz König, Leipzig

Felix Klein

104 S. mit 12 Abb.
Bestell-Nr. 666 026 6 Bestellwort: Tobies, Klein

Felix Klein ist einer der faszinierendsten Mathematiker des vergangenen Jahrhunderts. Neben hervorragenden mathematischen Fähigkeiten besaß er ausgezeichnete organisatorische Talente. Auf vielen Gebieten der Mathematik hat er Bedeutendes geleistet. Sein sogenanntes „Erlanger Programm" ist in die Geschichte der Mathematik eingegangen.

Band 51

Prof. Dr. Hanns Richter-Meinhold, Dresden

Henry Bessemer – Sidney Gilchrist Thomas

100 S. mit 10 Abb.
Bestell-Nr. 666 039 7 Bestellwort: Richter, Bessemer/Thomas

H. Bessemer und S. G. Thomas haben im vorigen Jahrhundert die entscheidenden Fortschritte in der Schwarzmetallurgie eingeleitet und die modernen Verfahren der Stahlgewinnung begründet. Es werden das Leben und die Erfindungen beider ausführlich geschildert.

Band 55

Dr. Peter Krüger, Berlin

W. I. Wernadskij

116 S. mit 11 Abb.

Bestell-Nr. 666 033 8 Bestellwort: Krueger, Wernadskij

Wernadskij wirkte als eine bedeutende und einflußreiche Persönlichkeit im Rußland der Jahrhundertwende und in der Sowjetunion. Dank seiner überragenden Leistungen auf den verschiedensten Gebieten der geologischen Forschung, als Mitbegründer der Geochemie und Begründer der Biogeochemie, durch seine frühen Erkenntnisse wichtiger Wechselwirkungen zwischen Umwelt und Gesellschaft kann er als einer der ideenreichsten Naturwissenschaftler unseres Jahrhunderts gelten.

Band 56

Dr. Rüdiger Thiele, Halle

Leonard Euler

etwa 165 S. mit 33 Abb.

Bestell-Nr. 666 045 0 Bestellwort: Thiele, Euler

Leonhard Euler ist nicht nur einer der größten Mathematiker, sondern gleichfalls einer der schöpferischsten Menschen überhaupt. Die Biographie beschreibt detailliert seine Lebensumstände sowie sein Wirken in Berlin und Petersburg und zeigt die bahnbrechenden Erkenntnisse Eulers auf.

Alle Bände sind kartoniert und haben das Format 12 × 19 cm. Ab 50. Band erscheint unsere Reihe in einer neuen Gestaltung.

Lieferbar in dieser Reihe:

Band	Autor und Titel	Preis	Bestell-Nr.
16	Heinig: C. Schorlemmer	4,70	665 721 9
19	Schmutzer/Schütz: G. Galilei	6,90	665 744 6
20	Kuczera: H. Hertz	4,50	665 743 8
21	Astaschenkow: S. P. Koroljow	10,00	665 778 8
22	Werner: W. Weber	3,50	665 772 9
24	Winter: R. Virchow	4,70	665 779 6
25	Wächtler/Mühlfriedel/Michel: E. Rammler	5,00	665 775 3
26	Mette: W. Griesinger	4,20	665 780 9
27	Wußing: I. Newton	6,90	665 834 2
28	Zirnstein: W. Harvey	5,00	665 837 7
29	Wołczek: M. Skłodowska-Curie	6,50	665 833 4
30	Rodnyj/Solowjew: W. Ostwald	18,50	665 774 5
31	Kaiser: J. A. Segner	4,50	665 840 6
32	Sittauer: N. A. Otto und R. Diesel	6,40	665 883 6
34	Halameisär/Seibt: N. I. Lobatschewski	4,60	665 870 5
35	Jahn/Senglaub: C. v. Linné	6,20	665 876 4
36	Tutzke: A. Grotjahn	4,60	665 882 8
37	Kästner: J. Gutenberg	3,50	665 866 8
39	Bürger: Chr. Kolumbus	6,80	665 931 0
40	Brentjes/Brentjes: Ibn Sina (Avicenna)	5,30	665 925 7
42	Herneck: M. v. Laue	4,90	665 920 6
43	Kosmodemjanski: K. E. Ziolkowski	10,50	665 930 2
44	Jaworski: I. Hirszfeld	4,80	665 995 1
45	Ilgauds: N. Wiener	4,80	665 983 9
46	Körber: A. Wegener	4,80	665 991 9
47	Biermann: A. v. Humboldt	6,80	666 006 3
48	Zirnstein: Ch. Lyell	6,80	665 992 7
49	Goetz: G. Chr. Lichtenberg	6,80	665 986 3
50	Tobies: F. Klein	6,80	666 026 6
51	Richter-Meinhold: H. Bessemer und S. G. Thomas	6,80	666 039 7
52	Kirchberg/Wächtler: C. Benz, G. Daimler, W. Maybach	6,80	666 042 6
53	Sittauer: J. Watt	6,80	666 038 9